1 計算をしなさい。(1つ7点)

① $\dfrac{3}{8}+\dfrac{2}{9}$

② $\dfrac{7}{12}+\dfrac{7}{8}$

③ $\dfrac{5}{6}+1\dfrac{3}{4}$

④ $2\dfrac{13}{15}+3\dfrac{9}{10}$

⑤ $4\dfrac{7}{9}+2\dfrac{5}{6}$

⑥ $\dfrac{3}{4}-\dfrac{2}{5}$

⑦ $1\dfrac{1}{8}-\dfrac{1}{6}$

⑧ $3\dfrac{3}{10}-\dfrac{4}{5}$

⑨ $2\dfrac{3}{14}-1\dfrac{6}{7}$

⑩ $5\dfrac{5}{12}-2\dfrac{13}{16}$

2 計算をしなさい。(1つ6点)

① $\dfrac{5}{6}+1\dfrac{3}{4}+\dfrac{7}{8}$

JN124609

② $2\dfrac{7}{8}+2\dfrac{1}{2}-1\dfrac{3}{4}$

③ $3\dfrac{3}{16}-1\dfrac{5}{12}+\dfrac{7}{8}$

④ $3\dfrac{2}{15}-1\dfrac{4}{5}-\dfrac{7}{10}$

⑤ $\dfrac{5}{6}+\left(1\dfrac{3}{4}-\dfrac{7}{8}\right)$

1 計算をしなさい。(1つ6点)

① $0.7+1\dfrac{1}{2}$

② $1\dfrac{1}{3}+0.45$

③ $1.4-\dfrac{4}{5}$

④ $2\dfrac{3}{7}-1.5$

⑤ $2\dfrac{7}{12}+1.5$

⑥ $1.85+1\dfrac{9}{28}$

⑦ $2.125-1\dfrac{5}{6}$

⑧ $3\dfrac{1}{6}-1.65$

2 計算をしなさい。(1つ6点)

① $2+0.3+\dfrac{2}{3}$

② $0.2+\dfrac{2}{9}-\dfrac{4}{15}$

③ $1\dfrac{2}{5}-0.9+\dfrac{2}{3}$

④ $3\dfrac{3}{5}-1.76-\dfrac{3}{10}$

3 □の中に等号または不等号を書きなさい。(1つ7点)

① $0.39\ \boxed{}\ \dfrac{2}{5}$

② $\dfrac{7}{8}\ \boxed{}\ 0.875$

③ $0.27\ \boxed{}\ \dfrac{4}{15}$

④ $\dfrac{11}{12}\ \boxed{}\ 0.915$

1 計算をしなさい。(1つ8点)

① $2\dfrac{3}{4}+\dfrac{1}{2}-1\dfrac{1}{3}$

② $3\dfrac{7}{18}-1\dfrac{9}{10}+\dfrac{11}{15}$

★③ $3\dfrac{3}{16}-\left(1\dfrac{5}{12}+\dfrac{7}{8}\right)$

★④ $3\dfrac{2}{15}-\left(1\dfrac{4}{5}-\dfrac{7}{10}\right)$

★⑤ $3\dfrac{2}{15}-\left(1\dfrac{4}{5}+\dfrac{7}{10}\right)$

2 分数は小数や整数で，小数は分数で表しなさい。(1つ6点)

① $\dfrac{3}{8}$

② $2\dfrac{1}{20}$

③ $\dfrac{35}{7}$

④ $\dfrac{11}{4}$

⑤ $3\dfrac{21}{25}$

⑥ 1.7

⑦ 0.75

⑧ 4.12

⑨ 3.45

⑩ 8.125

1 計算をしなさい。(1つ6点)

① $0.5 + 2\frac{1}{3}$

② $1\frac{1}{4} - 1.1$

③ $2\frac{3}{5} - 1.6$

④ $1\frac{1}{8} + 0.9$

⑤ $1.6 + 1\frac{2}{3}$

⑥ $0.9 - \frac{8}{15}$

⑦ $2.5 - 1\frac{2}{3}$

⑧ $1\frac{5}{6} + 1.25$

⑨ $1.75 + \frac{9}{13}$

⑩ $3.375 - 1\frac{11}{12}$

2 計算をしなさい。(1つ8点)

① $3 - 1\frac{3}{10} + 0.8$

② $1\frac{5}{6} - 0.75 + 0.5$

③ $3.125 - 1\frac{1}{3} - \frac{1}{6}$

④ $2\frac{1}{5} - \left(0.8 + 1\frac{1}{8}\right)$

⑤ $\left(0.6 - \frac{4}{7}\right) + 2\frac{1}{2}$

3日 真分数どうしのかけ算

$\dfrac{2}{3} \times \dfrac{4}{5}$, $\dfrac{6}{7} \times \dfrac{1}{3}$ の計算

計算のしかた

❶ $\dfrac{2}{3} \times \dfrac{4}{5}$) 分母どうし，分子どうしをかける

$= \dfrac{2 \times 4}{3 \times 5}$

$= \dfrac{8}{15}$

❷ $\dfrac{6}{7} \times \dfrac{1}{3}$) 分母どうし，分子どうしをかけて約分する

$= \dfrac{\overset{2}{6} \times 1}{7 \times \underset{1}{3}}$

$= \dfrac{2}{7}$

◻️をうめて，計算のしかたを覚えよう。

❶ (真分数)×(真分数) の計算は，分母どうし，分子どうしをそれぞれかけます。

$$\dfrac{2}{3} \times \dfrac{4}{5} = \dfrac{2 \times 4}{3 \times \boxed{①}} = \boxed{②}$$

❷ 分母どうし，分子どうしをそれぞれかけて，計算のとちゅうで約分できるときは，約分します。

$$\dfrac{6}{7} \times \dfrac{1}{3} = \dfrac{\overset{\boxed{③}}{6} \times 1}{7 \times \underset{\boxed{④}}{3}} = \boxed{⑤}$$

分数に分数をかける計算だよ！

覚えよう 真分数に真分数をかけるには，分母どうし，分子どうしをそれぞれかけます。計算のとちゅうで約分すれば，簡単に計算できます。 $\dfrac{\blacktriangle}{\blacksquare} \times \dfrac{\blacklozenge}{\bullet} = \dfrac{\blacktriangle \times \blacklozenge}{\blacksquare \times \bullet}$

1 かけ算をしなさい。

① $\dfrac{1}{4} \times \dfrac{1}{3}$

② $\dfrac{2}{3} \times \dfrac{1}{2}$

③ $\dfrac{4}{5} \times \dfrac{1}{2}$

④ $\dfrac{3}{4} \times \dfrac{1}{6}$

⑤ $\dfrac{1}{3} \times \dfrac{3}{4}$

⑥ $\dfrac{1}{9} \times \dfrac{5}{8}$

⑦ $\dfrac{1}{6} \times \dfrac{1}{5}$

⑧ $\dfrac{2}{9} \times \dfrac{3}{5}$

⑨ $\dfrac{4}{5} \times \dfrac{1}{7}$

⑩ $\dfrac{6}{11} \times \dfrac{3}{8}$

⑪ $\dfrac{7}{9} \times \dfrac{3}{7}$

⑫ $\dfrac{8}{9} \times \dfrac{3}{5}$

⑬ $\dfrac{3}{8} \times \dfrac{2}{9}$

⑭ $\dfrac{15}{16} \times \dfrac{4}{5}$

⑮ $\dfrac{9}{10} \times \dfrac{2}{3}$

⑯ $\dfrac{7}{12} \times \dfrac{6}{7}$

⑰ $\dfrac{8}{15} \times \dfrac{5}{8}$

⑱ $\dfrac{5}{12} \times \dfrac{2}{3}$

⑲ $\dfrac{5}{6} \times \dfrac{2}{5}$

⑳ $\dfrac{5}{12} \times \dfrac{8}{15}$

4日 整数と真分数のかけ算

$9 \times \dfrac{5}{6}$ の計算

計算のしかた

$$9 \times \frac{5}{6}$$

❶
$$= \frac{9}{1} \times \frac{5}{6}$$
整数を分数の形に直す

❷
$$= \frac{\overset{3}{9} \times 5}{1 \times \underset{2}{6}}$$
分母どうし，分子どうしをかけて約分する

❸
$$= \frac{15}{2} = 7\frac{1}{2}$$
←仮分数を帯分数に直す

▢ をうめて，計算のしかたを覚えよう。

❶ 整数 9 を分数の形に直すと，$9 \times \dfrac{5}{6} = \boxed{①} \times \dfrac{5}{6}$ になります。

❷ (真分数)×(真分数) と同じように分母どうし，分子どうしをかけて約分すると，$\boxed{①} \times \dfrac{5}{6} = \dfrac{\overset{\boxed{②}}{9} \times 5}{1 \times \underset{\boxed{③}}{6}}$ になります。

❸ 計算すると，答えは $\dfrac{15}{2} = \boxed{④}\dfrac{1}{2}$ になります。

覚えよう 整数と真分数のかけ算は，整数を分数の形に直すと，(真分数)×(真分数) と同じように計算することができます。また，計算のとちゅうで約分すれば，簡単に計算できます。

$$■ \times \frac{●}{▲} = \frac{■}{1} \times \frac{●}{▲}$$

1 かけ算をしなさい。

① $\dfrac{1}{3} \times 2$

② $5 \times \dfrac{2}{7}$

③ $\dfrac{3}{5} \times 8$

④ $7 \times \dfrac{3}{10}$

⑤ $\dfrac{4}{9} \times 4$

⑥ $10 \times \dfrac{7}{11}$

⑦ $\dfrac{1}{6} \times 3$

⑧ $12 \times \dfrac{3}{8}$

⑨ $\dfrac{7}{9} \times 6$

⑩ $5 \times \dfrac{9}{10}$

⑪ $\dfrac{5}{12} \times 16$

⑫ $18 \times \dfrac{1}{6}$

⑬ $\dfrac{7}{18} \times 24$

⑭ $15 \times \dfrac{2}{5}$

⑮ $\dfrac{5}{6} \times 12$

⑯ $20 \times \dfrac{3}{8}$

⑰ $\dfrac{1}{3} \times 40$

⑱ $80 \times \dfrac{3}{7}$

⑲ $\dfrac{7}{8} \times 48$

⑳ $60 \times \dfrac{3}{4}$

1 かけ算をしなさい。(1つ5点)

① $\dfrac{3}{7} \times \dfrac{3}{4}$

② $\dfrac{4}{5} \times \dfrac{8}{9}$

③ $\dfrac{5}{8} \times \dfrac{4}{5}$

④ $\dfrac{5}{12} \times \dfrac{9}{20}$

⑤ $\dfrac{9}{10} \times \dfrac{20}{21}$

⑥ $\dfrac{11}{14} \times \dfrac{28}{33}$

⑦ $\dfrac{4}{7} \times \dfrac{7}{8}$

⑧ $\dfrac{9}{13} \times \dfrac{13}{18}$

⑨ $\dfrac{8}{15} \times \dfrac{3}{16}$

⑩ $\dfrac{11}{28} \times \dfrac{7}{11}$

2 かけ算をしなさい。(1つ5点)

① $\dfrac{1}{5} \times 4$

② $5 \times \dfrac{5}{8}$

③ $\dfrac{2}{9} \times 7$

④ $3 \times \dfrac{6}{7}$

⑤ $\dfrac{5}{6} \times 2$

⑥ $8 \times \dfrac{5}{12}$

⑦ $\dfrac{3}{25} \times 10$

⑧ $14 \times \dfrac{6}{35}$

⑨ $\dfrac{1}{4} \times 30$

⑩ $36 \times \dfrac{11}{48}$

1 かけ算をしなさい。（1つ5点）

① $\dfrac{6}{7} \times \dfrac{2}{11}$

② $\dfrac{5}{8} \times \dfrac{5}{9}$

③ $\dfrac{7}{9} \times \dfrac{6}{7}$

④ $\dfrac{4}{15} \times \dfrac{5}{8}$

⑤ $\dfrac{3}{10} \times \dfrac{23}{24}$

⑥ $\dfrac{11}{12} \times \dfrac{9}{11}$

⑦ $\dfrac{7}{18} \times \dfrac{9}{14}$

⑧ $\dfrac{4}{9} \times \dfrac{3}{10}$

⑨ $\dfrac{7}{12} \times \dfrac{3}{14}$

⑩ $\dfrac{5}{9} \times \dfrac{3}{25}$

2 かけ算をしなさい。（1つ5点）

① $\dfrac{2}{15} \times 8$

② $12 \times \dfrac{3}{13}$

③ $\dfrac{5}{9} \times 12$

④ $27 \times \dfrac{7}{18}$

⑤ $\dfrac{4}{11} \times 33$

⑥ $18 \times \dfrac{13}{42}$

⑦ $\dfrac{15}{48} \times 24$

⑧ $40 \times \dfrac{7}{24}$

⑨ $\dfrac{3}{16} \times 8$

⑩ $21 \times \dfrac{9}{14}$

6日 帯分数をふくむかけ算 (1)

$1\dfrac{1}{14} \times \dfrac{7}{10}$ の計算

計算のしかた

$$1\frac{1}{14} \times \frac{7}{10}$$

❶
$$=\frac{15}{14} \times \frac{7}{10}$$

帯分数を仮分数に直す

❷
$$=\frac{\overset{3}{\cancel{15}} \times \overset{1}{\cancel{7}}}{\underset{2}{\cancel{14}} \times \underset{2}{\cancel{10}}}$$

分母どうし，分子どうしをかけて約分する

❸
$$=\frac{3}{4}$$

をうめて，計算のしかたを覚えよう。

❶ 帯分数を仮分数に直すと，

$$1\frac{1}{14} \times \frac{7}{10} = \frac{\boxed{①}}{14} \times \frac{7}{10}$$ になります。

（真分数）×（真分数）と同じような形にすれば解けるね。

❷ (真分数)×(真分数) と同じように分母どうし，分子どうしをかけて約分すると，

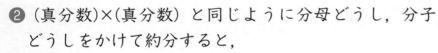

$$\frac{\boxed{①}}{14} \times \frac{7}{10} = \frac{\overset{②}{\cancel{15}} \times \overset{③}{\cancel{7}}}{\underset{2}{\cancel{14}} \times \underset{2}{\cancel{10}}}$$ になります。

❸ 計算すると，答えは $\boxed{④}$ になります。

覚えよう　帯分数と真分数のかけ算は，帯分数を仮分数に直してから，真分数どうしのかけ算と同じように計算します。

計算してみよう

1 かけ算をしなさい。

① $\dfrac{1}{3} \times 1\dfrac{1}{7}$

② $1\dfrac{1}{3} \times \dfrac{4}{5}$

③ $\dfrac{5}{6} \times 2\dfrac{1}{2}$

④ $3\dfrac{1}{6} \times \dfrac{7}{8}$

⑤ $\dfrac{6}{7} \times 1\dfrac{3}{5}$

⑥ $4\dfrac{2}{3} \times \dfrac{4}{9}$

⑦ $\dfrac{4}{5} \times 2\dfrac{5}{6}$

⑧ $2\dfrac{2}{7} \times \dfrac{1}{8}$

⑨ $\dfrac{2}{3} \times 1\dfrac{1}{4}$

⑩ $5\dfrac{2}{3} \times \dfrac{3}{4}$

⑪ $\dfrac{7}{8} \times 1\dfrac{1}{7}$

⑫ $2\dfrac{5}{6} \times \dfrac{9}{17}$

⑬ $\dfrac{6}{11} \times 2\dfrac{3}{4}$

⑭ $5\dfrac{1}{4} \times \dfrac{4}{9}$

⑮ $\dfrac{3}{5} \times 4\dfrac{1}{6}$

⑯ $3\dfrac{7}{10} \times \dfrac{15}{16}$

⑰ $\dfrac{5}{12} \times 3\dfrac{9}{10}$

⑱ $1\dfrac{1}{12} \times \dfrac{6}{7}$

⑲ $\dfrac{8}{13} \times 2\dfrac{1}{6}$

⑳ $3\dfrac{11}{15} \times \dfrac{9}{14}$

7日 帯分数をふくむかけ算 (2)

$2\frac{1}{4} \times 4\frac{2}{3}$ の計算

計算のしかた

$$2\frac{1}{4} \times 4\frac{2}{3}$$

❶ $$= \frac{9}{4} \times \frac{14}{3}$$ ← 帯分数を仮分数に直す

❷ $$= \frac{\overset{3}{9} \times \overset{7}{14}}{\underset{2}{4} \times \underset{1}{3}}$$ ← 分母どうし，分子どうしをかけて約分する

❸ $$= \frac{21}{2} = 10\frac{1}{2}$$ ← 仮分数を帯分数に直す

□をうめて，計算のしかたを覚えよう。

❶ 帯分数を仮分数に直すと，$2\frac{1}{4} \times 4\frac{2}{3} = \dfrac{\boxed{①}}{4} \times \dfrac{\boxed{②}}{3}$ になります。

❷ (真分数)×(真分数) と同じように分母どうし，分子どうしをかけて約分す

ると，$\dfrac{\boxed{①}}{4} \times \dfrac{\boxed{②}}{3} = \dfrac{\overset{\boxed{③}}{9} \times \overset{7}{14}}{\underset{\boxed{④}}{4} \times \underset{1}{3}}$ になります。

❸ 計算すると，答えは $\dfrac{21}{2} = \boxed{⑤}$ になります。

覚えよう　帯分数どうしのかけ算では，帯分数を仮分数に直してから，真分数どうしのかけ算と同じように計算します。

13

計算してみよう

1 かけ算をしなさい。

① $1\dfrac{2}{3} \times 2\dfrac{3}{4}$

② $1\dfrac{3}{8} \times 1\dfrac{5}{6}$

③ $1\dfrac{1}{5} \times 1\dfrac{1}{5}$

④ $3\dfrac{2}{7} \times 2\dfrac{3}{4}$

⑤ $3\dfrac{1}{8} \times 2\dfrac{3}{7}$

⑥ $1\dfrac{1}{12} \times 4\dfrac{3}{11}$

⑦ $2\dfrac{2}{5} \times 1\dfrac{1}{3}$

⑧ $3\dfrac{3}{7} \times 5\dfrac{1}{4}$

⑨ $9 \times 2\dfrac{1}{6}$

⑩ $2\dfrac{4}{9} \times 4\dfrac{1}{11}$

⑪ $3\dfrac{1}{3} \times 4\dfrac{4}{5}$

⑫ $10 \times 1\dfrac{1}{8}$

⑬ $2\dfrac{2}{7} \times 14$

⑭ $6\dfrac{2}{3} \times 1\dfrac{3}{4}$

⑮ $3\dfrac{9}{11} \times 2\dfrac{5}{14}$

⑯ $3\dfrac{3}{4} \times 6$

⑰ $7\dfrac{1}{2} \times 3\dfrac{1}{5}$

⑱ $2\dfrac{6}{7} \times 5\dfrac{7}{8}$

⑲ $2\dfrac{8}{21} \times 4\dfrac{1}{12}$

⑳ $6\dfrac{6}{19} \times 1\dfrac{4}{15}$

1 かけ算をしなさい。（1つ5点）

① $1\dfrac{2}{5} \times \dfrac{3}{4}$　　　　② $1\dfrac{8}{11} \times \dfrac{5}{9}$

③ $2\dfrac{2}{7} \times \dfrac{7}{12}$　　　　④ $2\dfrac{2}{5} \times \dfrac{5}{8}$

⑤ $3\dfrac{1}{8} \times \dfrac{4}{15}$　　　　⑥ $3\dfrac{3}{14} \times \dfrac{7}{12}$

⑦ $2\dfrac{1}{10} \times \dfrac{6}{7}$　　　　⑧ $1\dfrac{11}{24} \times \dfrac{16}{21}$

⑨ $2\dfrac{4}{5} \times \dfrac{5}{14}$　　　　⑩ $1\dfrac{7}{8} \times \dfrac{4}{5}$

2 かけ算をしなさい。（1つ5点）

① $1\dfrac{3}{14} \times 1\dfrac{1}{6}$　　　　② $1\dfrac{7}{8} \times 1\dfrac{5}{21}$

③ $1\dfrac{3}{8} \times 2\dfrac{3}{10}$　　　　④ $2\dfrac{2}{7} \times 1\dfrac{3}{8}$

⑤ $2\dfrac{2}{3} \times 3\dfrac{1}{4}$　　　　⑥ $1\dfrac{2}{5} \times 2\dfrac{6}{7}$

⑦ $70 \times 1\dfrac{4}{7}$　　　　⑧ $1\dfrac{7}{25} \times 100$

⑨ $2\dfrac{7}{16} \times 2\dfrac{6}{13}$　　　　⑩ $5\dfrac{5}{9} \times 2\dfrac{2}{5}$

1 かけ算をしなさい。(1つ5点)

① $1\dfrac{2}{3} \times \dfrac{4}{5}$

② $2\dfrac{1}{3} \times \dfrac{1}{2}$

③ $1\dfrac{7}{12} \times \dfrac{8}{9}$

④ $3\dfrac{4}{15} \times \dfrac{3}{14}$

⑤ $2\dfrac{4}{15} \times \dfrac{5}{8}$

⑥ $1\dfrac{1}{3} \times \dfrac{5}{8}$

⑦ $2\dfrac{4}{5} \times \dfrac{5}{12}$

⑧ $5\dfrac{4}{7} \times \dfrac{7}{13}$

2 かけ算をしなさい。(1つ5点)

① $4\dfrac{1}{2} \times 2\dfrac{1}{6}$

② $2\dfrac{1}{8} \times 3\dfrac{1}{3}$

③ $1\dfrac{3}{8} \times 14$

④ $18 \times 3\dfrac{7}{12}$

⑤ $1\dfrac{3}{7} \times 3\dfrac{4}{15}$

⑥ $5\dfrac{7}{9} \times 3\dfrac{3}{4}$

⑦ $2\dfrac{2}{7} \times 1\dfrac{3}{4}$

⑧ $3\dfrac{1}{8} \times 2\dfrac{2}{5}$

⑨ $4\dfrac{9}{10} \times 2\dfrac{8}{21}$

⑩ $2\dfrac{2}{9} \times 2\dfrac{1}{4}$

⑪ $72 \times 1\dfrac{5}{18}$

⑫ $3\dfrac{19}{24} \times 18$

まとめ テスト (1)

1 かけ算をしなさい。（1つ5点）

① $\dfrac{1}{2} \times \dfrac{1}{4}$

② $\dfrac{5}{8} \times \dfrac{2}{5}$

③ $\dfrac{7}{12} \times \dfrac{3}{7}$

④ $\dfrac{3}{4} \times \dfrac{8}{15}$

⑤ $\dfrac{7}{10} \times 80$

⑥ $\dfrac{3}{4} \times 20$

⑦ $18 \times \dfrac{5}{27}$

⑧ $60 \times \dfrac{5}{12}$

2 かけ算をしなさい。（1つ5点）

① $2\dfrac{5}{8} \times \dfrac{6}{7}$

② $2\dfrac{1}{12} \times \dfrac{9}{10}$

③ $2\dfrac{3}{7} \times 1\dfrac{1}{6}$

④ $1\dfrac{7}{8} \times 3\dfrac{1}{5}$

⑤ $\dfrac{1}{9} \times 1\dfrac{3}{4}$

⑥ $\dfrac{6}{11} \times 1\dfrac{3}{8}$

⑦ $18 \times 2\dfrac{1}{8}$

⑧ $3\dfrac{11}{12} \times 30$

⑨ $3\dfrac{5}{12} \times 1\dfrac{1}{2}$

⑩ $4\dfrac{4}{7} \times 2\dfrac{5}{8}$

⑪ $3\dfrac{1}{9} \times 2\dfrac{5}{14}$

⑫ $2\dfrac{4}{7} \times 4\dfrac{2}{3}$

まとめ テスト (2)

1 かけ算をしなさい。(1つ5点)

① $\dfrac{7}{12} \times \dfrac{4}{5}$

② $\dfrac{5}{24} \times \dfrac{9}{20}$

③ $\dfrac{5}{8} \times 24$

④ $120 \times 1\dfrac{3}{10}$

⑤ $10 \times 1\dfrac{1}{5}$

⑥ $2\dfrac{1}{4} \times 16$

⑦ $2\dfrac{7}{9} \times \dfrac{3}{10}$

⑧ $\dfrac{5}{12} \times 3\dfrac{3}{7}$

⑨ $\dfrac{13}{18} \times 72$

⑩ $12 \times \dfrac{17}{24}$

2 かけ算をしなさい。(1つ5点)

① $1\dfrac{4}{7} \times 3\dfrac{2}{3}$

② $2\dfrac{4}{9} \times 1\dfrac{2}{7}$

③ $25 \times \dfrac{13}{15}$

④ $\dfrac{11}{18} \times 27$

⑤ $2\dfrac{3}{16} \times \dfrac{4}{7}$

⑥ $\dfrac{15}{56} \times 2\dfrac{2}{3}$

⑦ $200 \times 2\dfrac{3}{4}$

⑧ $4\dfrac{4}{9} \times 7\dfrac{7}{8}$

⑨ $1\dfrac{9}{16} \times 96$

⑩ $3\dfrac{5}{18} \times 6$

10日 3つの分数のかけ算

$\dfrac{3}{4} \times 2\dfrac{2}{9} \times 3\dfrac{3}{5}$ の計算

計算のしかた

$$\dfrac{3}{4} \times 2\dfrac{2}{9} \times 3\dfrac{3}{5}$$

❶ $= \dfrac{3}{4} \times \dfrac{20}{9} \times \dfrac{18}{5}$　　帯分数を仮分数に直す

❷ $= \dfrac{3 \times \overset{5}{\cancel{20}} \times \overset{2}{\cancel{18}}}{\underset{1}{\cancel{4}} \times \underset{1}{\cancel{9}} \times \underset{1}{\cancel{5}}}$　　分母どうし，分子どうしをまとめてかけて約分する

❸ $= 6$

───

◻ をうめて，計算のしかたを覚えよう。

❶ 帯分数を仮分数に直すと，$\dfrac{3}{4} \times 2\dfrac{2}{9} \times 3\dfrac{3}{5} = \dfrac{3}{4} \times \dfrac{\boxed{①}}{9} \times \dfrac{\boxed{②}}{5}$ になります。

❷ 3つの分数の分母どうし，分子どうしをまとめてかけて約分すると，

$\dfrac{3}{4} \times \dfrac{\boxed{①}}{9} \times \dfrac{\boxed{②}}{5} = \dfrac{3 \times \overset{5}{\cancel{20}} \times \overset{\boxed{③}}{\cancel{18}}}{\underset{1}{\cancel{4}} \times \underset{\boxed{④}}{\cancel{9}} \times \underset{1}{\cancel{5}}}$ になります。

❸ 計算すると，答えは $\boxed{⑤}$ になります。

覚えよう　いくつもの分数のかけ算は，分母どうし，分子どうしをまとめてかけて計算します。

1 かけ算をしなさい。

① $\dfrac{2}{5} \times \dfrac{3}{4} \times \dfrac{5}{6}$

② $\dfrac{6}{7} \times \dfrac{11}{12} \times \dfrac{7}{11}$

③ $\dfrac{4}{9} \times \dfrac{7}{8} \times \dfrac{3}{14}$

④ $\dfrac{4}{9} \times \dfrac{5}{6} \times \dfrac{3}{10}$

⑤ $\dfrac{5}{8} \times \dfrac{6}{7} \times \dfrac{7}{10}$

⑥ $\dfrac{7}{12} \times \dfrac{8}{21} \times \dfrac{3}{4}$

⑦ $\dfrac{7}{24} \times \dfrac{8}{15} \times \dfrac{3}{14}$

2 かけ算をしなさい。

① $\dfrac{5}{8} \times \dfrac{6}{7} \times 2\dfrac{4}{5}$

② $\dfrac{7}{9} \times \dfrac{6}{7} \times 1\dfrac{1}{2}$

③ $\dfrac{7}{12} \times \dfrac{4}{9} \times 3\dfrac{3}{7}$

④ $\dfrac{7}{8} \times 1\dfrac{1}{4} \times \dfrac{4}{5}$

⑤ $3\dfrac{3}{4} \times 1\dfrac{5}{9} \times \dfrac{3}{10}$

⑥ $2\dfrac{1}{7} \times 1\dfrac{3}{4} \times 3\dfrac{1}{5}$

⑦ $4\dfrac{4}{5} \times 4 \times 1\dfrac{7}{8}$

 **11日 分数と小数のかけ算**

$1\frac{2}{3} \times 0.4$ の計算

計算のしかた

$$1\frac{2}{3} \times 0.4$$

❶
$$= \frac{5}{3} \times \frac{2}{5}$$

帯分数を仮分数に直し，小数を分数に直す

❷
$$= \frac{\overset{1}{5} \times 2}{3 \times \underset{1}{5}}$$

分母どうし，分子どうしをかけて約分する

❸
$$= \frac{2}{3}$$

☐をうめて，計算のしかたを覚えよう。

❶ 帯分数を仮分数に直し，小数を分数に直すと，

$$1\frac{2}{3} = \frac{①\boxed{}}{3}, \quad 0.4 = \frac{②\boxed{}}{10} = \frac{③\boxed{}}{5} \text{ だから,}$$

$$1\frac{2}{3} \times 0.4 = \frac{①\boxed{}}{3} \times \frac{③\boxed{}}{5} \text{ になります。}$$

分数と小数が混じったかけ算だよ。

❷ （真分数）×（真分数）と同じように分母どうし，分子どうしをかけて約分す

ると，$\dfrac{5}{3} \times \dfrac{③\boxed{}}{5} = \dfrac{\overset{1}{5} \times 2}{3 \times \underset{1}{5}}$ になります。

❸ 計算すると，答えは ④$\boxed{}$ になります。

覚えよう 分数と小数のかけ算は，帯分数を仮分数に直し，小数を分数に直してから，真分数どうしのかけ算と同じように計算します。

21

✏️ 計算してみよう

1 かけ算をしなさい。

① $\dfrac{1}{4} \times 0.3$

② $0.5 \times \dfrac{3}{5}$

③ $\dfrac{3}{8} \times 1.7$

④ $2.1 \times \dfrac{2}{3}$

⑤ $\dfrac{2}{3} \times 0.6$

⑥ $0.75 \times \dfrac{4}{9}$

⑦ $\dfrac{10}{17} \times 0.34$

⑧ $3.2 \times \dfrac{25}{32}$

⑨ $\dfrac{25}{31} \times 0.62$

⑩ $6.4 \times \dfrac{5}{8}$

⑪ $1\dfrac{7}{8} \times 0.7$

⑫ $0.27 \times 3\dfrac{1}{9}$

⑬ $2\dfrac{3}{4} \times 1.8$

⑭ $0.25 \times 3\dfrac{4}{5}$

⑮ $2\dfrac{2}{3} \times 0.27$

1 かけ算をしなさい。（1つ6点）

① $\dfrac{4}{3} \times \dfrac{6}{5} \times \dfrac{5}{8}$

② $\dfrac{2}{5} \times \dfrac{7}{4} \times \dfrac{8}{21}$

③ $\dfrac{9}{14} \times \dfrac{7}{2} \times 4$

④ $\dfrac{4}{15} \times 2\dfrac{1}{3} \times \dfrac{9}{8}$

⑤ $\dfrac{14}{17} \times 7\dfrac{2}{7} \times \dfrac{1}{8}$

⑥ $2\dfrac{2}{7} \times 1\dfrac{1}{2} \times 1\dfrac{1}{6}$

2 かけ算をしなさい。（1つ8点）

① $\dfrac{1}{5} \times 0.4$

② $0.3 \times \dfrac{3}{8}$

③ $0.25 \times \dfrac{1}{6}$

④ $3.4 \times \dfrac{15}{34}$

⑤ $1\dfrac{7}{18} \times 0.9$

⑥ $2\dfrac{1}{3} \times 0.36$

⑦ $3\dfrac{7}{12} \times 4.56$

⑧ $3.75 \times 4\dfrac{2}{5}$

復習 テスト (6)

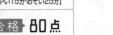

時間 **20分**
【はやい15分・おそい25分】

得点

合格 **80点**

点

---

1 かけ算をしなさい。(1つ6点)

① $\dfrac{7}{8} \times \dfrac{4}{5} \times \dfrac{9}{14}$

② $\dfrac{5}{72} \times \dfrac{4}{7} \times \dfrac{9}{25}$

③ $\dfrac{16}{21} \times 3 \times \dfrac{7}{20}$

④ $4 \times 1\dfrac{7}{8} \times 2\dfrac{2}{5}$

⑤ $3\dfrac{5}{12} \times 1\dfrac{1}{2} \times 1\dfrac{1}{7}$

⑥ $4\dfrac{4}{5} \times 1\dfrac{3}{8} \times 2\dfrac{8}{11}$

2 かけ算をしなさい。(1つ8点)

① $0.2 \times \dfrac{1}{4}$

② $\dfrac{2}{3} \times 0.25$

③ $\dfrac{5}{8} \times 1.6$

④ $0.9 \times \dfrac{3}{7}$

⑤ $0.75 \times \dfrac{5}{6}$

⑥ $2\dfrac{1}{7} \times 0.15$

⑦ $1.8 \times 3\dfrac{1}{6}$

⑧ $1\dfrac{3}{5} \times 2.75$

13日 真分数どうしのわり算

$\dfrac{8}{9} \div \dfrac{2}{3}$ の計算

計算のしかた

❶
$$\dfrac{8}{9} \div \dfrac{2}{3}$$
$$= \dfrac{8}{9} \times \dfrac{3}{2}$$

わり算をかけ算に直す

❷
$$= \dfrac{\overset{4}{8} \times \overset{1}{3}}{\underset{3}{9} \times \underset{1}{2}}$$

分母どうし，分子どうしをかけて約分する

❸
$$= \dfrac{4}{3} = 1\dfrac{1}{3}$$
←仮分数を帯分数に直す

をうめて，計算のしかたを覚えよう。

❶ わる数の分母と分子を入れかえて，わり算をかけ算

に直すと，$\dfrac{8}{9} \div \dfrac{2}{3} = \dfrac{8}{9} \times \boxed{①}$ になります。

分数を分数でわる
計算だよ！

❷ （真分数）×（真分数）と同じように分母どうし，分子

どうしをかけて約分すると，

$$\dfrac{8}{9} \times \boxed{①} = \dfrac{8 \times \overset{\boxed{②}}{3}}{9 \times \underset{\boxed{③}}{2}}$$ になります。

❸ 計算すると，答えは $\dfrac{\boxed{④}}{3} = 1\dfrac{\boxed{⑤}}{3}$ になります。

覚えよう　真分数を真分数でわるには，わる数の分母と分子を入れ
かえて，かけ算に直してから計算します。計算のとちゅ
うで約分すれば，簡単に計算できます。

$$\dfrac{\blacktriangle}{\blacksquare} \div \dfrac{\blacklozenge}{\bullet} = \dfrac{\blacktriangle}{\blacksquare} \times \dfrac{\bullet}{\blacklozenge}$$

計算してみよう

1 わり算をしなさい。

① $\dfrac{1}{2} \div \dfrac{1}{4}$

② $\dfrac{1}{2} \div \dfrac{1}{5}$

③ $\dfrac{3}{4} \div \dfrac{1}{2}$

④ $\dfrac{1}{3} \div \dfrac{1}{9}$

⑤ $\dfrac{4}{7} \div \dfrac{1}{3}$

⑥ $\dfrac{3}{4} \div \dfrac{1}{8}$

⑦ $\dfrac{5}{6} \div \dfrac{5}{7}$

⑧ $\dfrac{1}{6} \div \dfrac{2}{3}$

⑨ $\dfrac{7}{9} \div \dfrac{5}{6}$

⑩ $\dfrac{5}{8} \div \dfrac{3}{4}$

⑪ $\dfrac{9}{14} \div \dfrac{3}{8}$

⑫ $\dfrac{3}{5} \div \dfrac{3}{10}$

⑬ $\dfrac{6}{7} \div \dfrac{8}{21}$

⑭ $\dfrac{9}{10} \div \dfrac{1}{6}$

⑮ $\dfrac{5}{8} \div \dfrac{5}{16}$

⑯ $\dfrac{7}{12} \div \dfrac{2}{7}$

⑰ $\dfrac{8}{15} \div \dfrac{2}{5}$

⑱ $\dfrac{3}{16} \div \dfrac{3}{20}$

⑲ $\dfrac{11}{20} \div \dfrac{4}{15}$

⑳ $\dfrac{23}{30} \div \dfrac{1}{6}$

14日 整数と真分数のわり算

$12 \div \dfrac{3}{4}$ の計算

計算のしかた

$$12 \div \dfrac{3}{4}$$

❶
$$= \dfrac{12}{1} \div \dfrac{3}{4}$$
　整数を分数の形に直す

❷
$$= \dfrac{12}{1} \times \dfrac{4}{3}$$
　わり算をかけ算に直す

　分母どうし，分子どうしをかけて約分する
$$= \dfrac{\overset{4}{12} \times 4}{1 \times \underset{1}{3}}$$

❸
$$= 16$$

☐をうめて，計算のしかたを覚えよう。

❶ 整数の 12 を分数の形に直すと，$12 \div \dfrac{3}{4} = \boxed{①} \div \dfrac{3}{4}$ になります。

❷ わる数の分母と分子を入れかえて，わり算をかけ算に直すと，

$\boxed{①} \div \dfrac{3}{4} = \boxed{①} \times \boxed{②}$ になります。

❸ 約分して計算すると，答えは $\dfrac{\overset{\boxed{③}}{12} \times 4}{1 \times 3}_{\boxed{④}} = \boxed{⑤}$ になります。

覚えよう 整数と真分数のわり算は，整数を分数の形に直してから，わる数の分母と分子を入れかえた数をかけます。 $\blacksquare \div \dfrac{\bullet}{\blacktriangle} = \dfrac{\blacksquare}{1} \times \dfrac{\blacktriangle}{\bullet}$

計算してみよう

時間 **20分**
【はやい15分・おそい25分】

正答

合格 **16個**

/20個

1 わり算をしなさい。

① $5 \div \dfrac{1}{2}$

② $\dfrac{2}{3} \div 2$

③ $4 \div \dfrac{3}{5}$

④ $\dfrac{3}{7} \div 9$

⑤ $8 \div \dfrac{8}{9}$

⑥ $\dfrac{4}{5} \div 12$

⑦ $6 \div \dfrac{3}{4}$

⑧ $\dfrac{6}{11} \div 3$

⑨ $12 \div \dfrac{7}{8}$

⑩ $\dfrac{2}{5} \div 6$

⑪ $10 \div \dfrac{5}{6}$

⑫ $\dfrac{4}{9} \div 12$

⑬ $8 \div \dfrac{6}{7}$

⑭ $\dfrac{9}{10} \div 15$

⑮ $6 \div \dfrac{9}{14}$

⑯ $\dfrac{4}{5} \div 20$

⑰ $40 \div \dfrac{3}{4}$

⑱ $\dfrac{2}{3} \div 80$

⑲ $120 \div \dfrac{8}{9}$

⑳ $\dfrac{10}{13} \div 200$

28

1 わり算をしなさい。（1つ5点）

① $\dfrac{3}{4} \div \dfrac{4}{5}$

② $\dfrac{7}{9} \div \dfrac{6}{7}$

③ $\dfrac{4}{5} \div \dfrac{16}{25}$

④ $\dfrac{9}{14} \div \dfrac{3}{7}$

⑤ $\dfrac{5}{24} \div \dfrac{5}{8}$

⑥ $\dfrac{3}{11} \div \dfrac{9}{20}$

⑦ $\dfrac{8}{9} \div \dfrac{14}{15}$

⑧ $\dfrac{9}{14} \div \dfrac{15}{28}$

⑨ $\dfrac{9}{11} \div \dfrac{3}{22}$

⑩ $\dfrac{3}{16} \div \dfrac{7}{24}$

2 わり算をしなさい。（1つ5点）

① $3 \div \dfrac{1}{5}$

② $\dfrac{1}{8} \div 7$

③ $6 \div \dfrac{6}{7}$

④ $\dfrac{7}{9} \div 14$

⑤ $2 \div \dfrac{4}{11}$

⑥ $\dfrac{8}{13} \div 16$

⑦ $30 \div \dfrac{15}{16}$

⑧ $\dfrac{25}{29} \div 150$

⑨ $250 \div \dfrac{5}{6}$

⑩ $\dfrac{9}{10} \div 180$

1 わり算をしなさい。(1つ5点)

① $\dfrac{7}{8} \div \dfrac{5}{6}$

② $\dfrac{8}{9} \div \dfrac{4}{5}$

③ $\dfrac{21}{26} \div \dfrac{7}{12}$

④ $\dfrac{9}{10} \div \dfrac{3}{4}$

⑤ $\dfrac{9}{16} \div \dfrac{3}{4}$

⑥ $\dfrac{7}{10} \div \dfrac{14}{15}$

⑦ $\dfrac{15}{22} \div \dfrac{5}{11}$

⑧ $\dfrac{7}{18} \div \dfrac{7}{24}$

⑨ $\dfrac{8}{45} \div \dfrac{2}{15}$

⑩ $\dfrac{9}{14} \div \dfrac{3}{28}$

2 わり算をしなさい。(1つ5点)

① $7 \div \dfrac{8}{9}$

② $\dfrac{9}{10} \div 10$

③ $21 \div \dfrac{7}{8}$

④ $\dfrac{10}{11} \div 25$

⑤ $7 \div \dfrac{14}{15}$

⑥ $\dfrac{12}{17} \div 9$

⑦ $90 \div \dfrac{6}{7}$

⑧ $\dfrac{2}{3} \div 180$

⑨ $20 \div \dfrac{12}{17}$

⑩ $\dfrac{6}{7} \div 300$

1 かけ算をしなさい。（1つ6点）

① $\dfrac{8}{9} \times \dfrac{3}{4} \times \dfrac{3}{10}$

② $\dfrac{10}{13} \times \dfrac{7}{20} \times \dfrac{26}{35}$

③ $1\dfrac{1}{14} \times 4\dfrac{1}{5} \times 3\dfrac{1}{3}$

④ $2\dfrac{4}{5} \times 1\dfrac{2}{7} \times 3\dfrac{3}{4}$

2 かけ算をしなさい。（1つ6点）

① $\dfrac{3}{4} \times 0.6$

② $0.8 \times \dfrac{1}{6}$

③ $1.2 \times \dfrac{3}{8}$

④ $1\dfrac{1}{3} \times 2.1$

⑤ $0.25 \times \dfrac{8}{15}$

⑥ $\dfrac{5}{72} \times 3.6$

3 わり算をしなさい。（1つ5点）

① $\dfrac{2}{7} \div \dfrac{5}{21}$

② $\dfrac{14}{27} \div \dfrac{7}{9}$

③ $\dfrac{12}{25} \div \dfrac{8}{15}$

④ $\dfrac{9}{20} \div \dfrac{3}{10}$

⑤ $8 \div \dfrac{4}{7}$

⑥ $\dfrac{10}{13} \div 5$

⑦ $35 \div \dfrac{7}{10}$

⑧ $\dfrac{6}{7} \div 150$

1 かけ算をしなさい。(1つ6点)

① $\dfrac{6}{7} \times \dfrac{14}{15} \times \dfrac{9}{10}$

② $\dfrac{8}{9} \times \dfrac{3}{25} \times \dfrac{5}{48}$

③ $1\dfrac{1}{3} \times 2\dfrac{2}{5} \times \dfrac{5}{8}$

④ $\dfrac{3}{4} \times 3\dfrac{1}{5} \times 1\dfrac{1}{9}$

⑤ $2\dfrac{1}{12} \times 2 \times 1\dfrac{4}{5}$

⑥ $2\dfrac{6}{33} \times 1\dfrac{1}{4} \times 1\dfrac{3}{18}$

2 かけ算をしなさい。(1つ7点)

① $\dfrac{5}{9} \times 0.4$

② $1.8 \times 3\dfrac{1}{3}$

③ $5\dfrac{5}{8} \times 0.05$

④ $2.28 \times 6\dfrac{2}{3}$

3 わり算をしなさい。(1つ6点)

① $\dfrac{5}{12} \div \dfrac{15}{24}$

② $\dfrac{20}{27} \div \dfrac{5}{36}$

③ $\dfrac{3}{28} \div \dfrac{3}{49}$

④ $8 \div \dfrac{12}{19}$

⑤ $\dfrac{12}{25} \div 60$

⑥ $65 \div \dfrac{13}{15}$

17日 帯分数と真分数のわり算

$1\frac{7}{8} \div \frac{5}{6}$ の計算

計算のしかた

$$1\frac{7}{8} \div \frac{5}{6}$$

❶
$$= \frac{15}{8} \div \frac{5}{6}$$

帯分数を仮分数に直す

❷
$$= \frac{15}{8} \times \frac{6}{5}$$

わり算をかけ算に直す

$$= \frac{\overset{3}{15} \times \overset{3}{6}}{\underset{4}{8} \times \underset{1}{5}}$$

分母どうし，分子どうしをかけて約分する

❸
$$= \frac{9}{4} = 2\frac{1}{4}$$
←仮分数を帯分数に直す

◻︎をうめて，計算のしかたを覚えよう。

❶ 帯分数を仮分数に直すと，$1\frac{7}{8} \div \frac{5}{6} = \dfrac{\boxed{①}}{8} \div \dfrac{5}{6}$

になります。

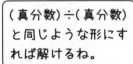
（真分数）÷（真分数）と同じような形にすれば解けるね。

❷ わる数の分母と分子を入れかえて，わり算をかけ算

に直すと，$\dfrac{\boxed{①}}{8} \div \dfrac{5}{6} = \dfrac{\boxed{①}}{8} \times \boxed{②}$ になり

ます。

❸ 約分して計算すると，答えは $\dfrac{\overset{3}{15} \times \overset{\boxed{③}}{6}}{\underset{4}{8} \times \underset{1}{5}} = \dfrac{\boxed{④}}{4} = 2\dfrac{\boxed{⑤}}{4}$ になります。

覚えよう 帯分数と真分数のわり算は，帯分数を仮分数に直してから，（真分数）÷（真分数）と同じように計算します。

計算してみよう

1 わり算をしなさい。

① $1\dfrac{1}{2} \div \dfrac{1}{3}$

② $\dfrac{4}{5} \div 3\dfrac{5}{6}$

③ $2\dfrac{1}{5} \div \dfrac{1}{2}$

④ $\dfrac{6}{7} \div 1\dfrac{2}{3}$

⑤ $3\dfrac{1}{10} \div \dfrac{8}{9}$

⑥ $\dfrac{4}{5} \div 1\dfrac{1}{2}$

⑦ $1\dfrac{3}{4} \div \dfrac{1}{2}$

⑧ $\dfrac{5}{6} \div 2\dfrac{5}{6}$

⑨ $3\dfrac{3}{5} \div \dfrac{6}{7}$

⑩ $\dfrac{10}{13} \div 1\dfrac{9}{11}$

⑪ $4\dfrac{1}{2} \div \dfrac{3}{4}$

⑫ $\dfrac{6}{7} \div 3\dfrac{3}{7}$

⑬ $1\dfrac{4}{5} \div \dfrac{3}{10}$

⑭ $\dfrac{11}{12} \div 4\dfrac{1}{8}$

⑮ $5\dfrac{1}{3} \div \dfrac{1}{6}$

⑯ $\dfrac{8}{21} \div 2\dfrac{2}{7}$

⑰ $3\dfrac{1}{9} \div \dfrac{7}{12}$

⑱ $\dfrac{7}{10} \div 1\dfrac{3}{5}$

⑲ $5\dfrac{5}{8} \div \dfrac{9}{10}$

⑳ $\dfrac{5}{6} \div 6\dfrac{2}{3}$

18日 整数と帯分数のわり算

$16 \div 1\frac{3}{5}$ の計算

計算のしかた

$$16 \div 1\frac{3}{5}$$

❶
$$= \frac{16}{1} \div \frac{8}{5}$$
整数を分数の形に直し，帯分数を仮分数に直す

❷
$$= \frac{16}{1} \times \frac{5}{8}$$
わり算をかけ算に直す

$$= \frac{\overset{2}{\cancel{16}} \times 5}{1 \times \cancel{8}_{1}}$$
分母どうし，分子どうしをかけて約分する

❸
$$= 10$$

☐をうめて，計算のしかたを覚えよう。

❶ 整数を分数の形に直し，帯分数を仮分数に直すと，

$$16 \div 1\frac{3}{5} = \frac{\boxed{①}}{1} \div \frac{\boxed{②}}{5}$$ になります。

❷ わる数の分母と分子を入れかえて，わり算をかけ算に直すと，

$$\frac{\boxed{①}}{1} \div \frac{\boxed{②}}{5} = \frac{\boxed{①}}{1} \times \boxed{③}$$ になります。

❸ 約分して計算すると，答えは $\dfrac{\overset{2}{\cancel{16}} \times 5}{1 \times \cancel{8}_{1}} = \boxed{④}$ になります。

覚えよう 整数と帯分数のわり算は，整数を分数の形に直し，帯分数を仮分数に直してから，（真分数）÷（真分数）と同じように計算します。

✏️ 計算してみよう

1 わり算をしなさい。

① $1 \div 1\dfrac{1}{3}$

② $1\dfrac{2}{5} \div 4$

③ $4 \div 2\dfrac{5}{8}$

④ $2\dfrac{5}{8} \div 2$

⑤ $9 \div 2\dfrac{1}{6}$

⑥ $1\dfrac{5}{9} \div 14$

⑦ $10 \div 4\dfrac{1}{2}$

⑧ $2\dfrac{2}{3} \div 4$

⑨ $5 \div 1\dfrac{3}{7}$

⑩ $2\dfrac{1}{4} \div 18$

⑪ $6 \div 2\dfrac{7}{10}$

⑫ $2\dfrac{4}{7} \div 9$

⑬ $12 \div 1\dfrac{3}{5}$

⑭ $3\dfrac{1}{5} \div 12$

⑮ $27 \div 2\dfrac{7}{10}$

⑯ $4\dfrac{1}{6} \div 15$

⑰ $36 \div 1\dfrac{5}{7}$

⑱ $10\dfrac{8}{9} \div 14$

⑲ $100 \div 10\dfrac{5}{7}$

⑳ $5\dfrac{17}{20} \div 13$

1 わり算をしなさい。(1つ5点)

① $1\frac{1}{4} \div \frac{2}{3}$

② $\frac{3}{7} \div 2\frac{4}{7}$

③ $3\frac{1}{5} \div \frac{9}{10}$

④ $\frac{1}{4} \div 1\frac{1}{4}$

⑤ $2\frac{6}{11} \div \frac{21}{22}$

⑥ $\frac{5}{7} \div 1\frac{7}{8}$

⑦ $3\frac{1}{3} \div \frac{5}{6}$

⑧ $\frac{15}{49} \div 2\frac{6}{7}$

⑨ $2\frac{1}{10} \div \frac{7}{20}$

⑩ $\frac{5}{54} \div 1\frac{1}{9}$

2 わり算をしなさい。(1つ5点)

① $12 \div 1\frac{7}{9}$

② $2\frac{2}{9} \div 10$

③ $42 \div 2\frac{4}{5}$

④ $6\frac{1}{4} \div 15$

⑤ $75 \div 2\frac{3}{11}$

⑥ $4\frac{4}{21} \div 80$

⑦ $90 \div 4\frac{14}{19}$

⑧ $2\frac{3}{8} \div 95$

⑨ $100 \div 7\frac{13}{16}$

⑩ $3\frac{3}{14} \div 100$

1 わり算をしなさい。(1つ5点)

① $1\dfrac{3}{14} \div \dfrac{4}{7}$

② $\dfrac{5}{8} \div 3\dfrac{3}{4}$

③ $2\dfrac{1}{6} \div \dfrac{7}{9}$

④ $\dfrac{5}{12} \div 3\dfrac{1}{3}$

⑤ $3\dfrac{9}{10} \div \dfrac{3}{5}$

⑥ $\dfrac{7}{20} \div 2\dfrac{1}{10}$

⑦ $1\dfrac{7}{25} \div \dfrac{8}{15}$

⑧ $\dfrac{15}{38} \div 5\dfrac{5}{19}$

⑨ $12\dfrac{1}{10} \div \dfrac{11}{20}$

⑩ $\dfrac{12}{50} \div 14\dfrac{2}{5}$

2 わり算をしなさい。(1つ5点)

① $9 \div 1\dfrac{1}{8}$

② $2\dfrac{2}{5} \div 10$

③ $12 \div 4\dfrac{4}{5}$

④ $4\dfrac{1}{8} \div 30$

⑤ $54 \div 5\dfrac{1}{7}$

⑥ $3\dfrac{1}{3} \div 42$

⑦ $72 \div 4\dfrac{10}{11}$

⑧ $5\dfrac{1}{4} \div 98$

⑨ $100 \div 6\dfrac{12}{13}$

⑩ $2\dfrac{8}{11} \div 75$

20日 帯分数どうしのわり算

$2\frac{5}{8} \div 3\frac{3}{4}$ の計算

計算のしかた

$$2\frac{5}{8} \div 3\frac{3}{4}$$

❶
$$= \frac{21}{8} \div \frac{15}{4}$$
　　帯分数を仮分数に直す

❷
$$= \frac{21}{8} \times \frac{4}{15}$$
　　わり算をかけ算に直す

$$= \frac{\overset{7}{21} \times \overset{1}{4}}{\underset{2}{8} \times \underset{5}{15}}$$
　　分母どうし，分子どうしをかけて約分する

❸
$$= \frac{7}{10}$$

をうめて，計算のしかたを覚えよう。

❶ 帯分数を仮分数に直すと，$2\frac{5}{8} \div 3\frac{3}{4} = \dfrac{\boxed{①}}{8} \div \dfrac{\boxed{②}}{4}$ になります。

❷ わる数の分母と分子を入れかえて，わり算をかけ算に直すと，

$$\frac{\boxed{①}}{8} \div \frac{\boxed{②}}{4} = \frac{\boxed{①}}{8} \times \boxed{③}$$ になります。

❸ 約分して計算すると，答えは $\dfrac{\overset{7}{21} \times \overset{1}{4}}{\underset{2}{8} \times \underset{5}{15}} = \boxed{④}$ になります。

覚えよう 帯分数どうしのわり算は，帯分数を仮分数に直してから，（真分数）÷（真分数）と同じように計算します。

1 わり算をしなさい。

① $1\dfrac{1}{4} \div 1\dfrac{4}{7}$

② $2\dfrac{3}{8} \div 1\dfrac{2}{3}$

③ $3\dfrac{1}{5} \div 2\dfrac{3}{8}$

④ $1\dfrac{4}{9} \div 2\dfrac{3}{4}$

⑤ $4\dfrac{3}{11} \div 3\dfrac{4}{5}$

⑥ $2\dfrac{2}{7} \div 3\dfrac{5}{6}$

⑦ $1\dfrac{1}{9} \div 1\dfrac{1}{3}$

⑧ $2\dfrac{4}{5} \div 1\dfrac{3}{5}$

⑨ $2\dfrac{4}{7} \div 2\dfrac{7}{10}$

⑩ $5\dfrac{3}{4} \div 1\dfrac{1}{2}$

⑪ $3\dfrac{5}{9} \div 4\dfrac{1}{6}$

⑫ $3\dfrac{3}{5} \div 4\dfrac{2}{3}$

⑬ $5\dfrac{1}{4} \div 4\dfrac{2}{3}$

⑭ $3\dfrac{3}{4} \div 2\dfrac{1}{12}$

⑮ $6\dfrac{1}{2} \div 2\dfrac{3}{5}$

⑯ $4\dfrac{4}{5} \div 1\dfrac{7}{11}$

⑰ $5\dfrac{5}{6} \div 2\dfrac{2}{9}$

⑱ $2\dfrac{1}{2} \div 3\dfrac{1}{3}$

⑲ $4\dfrac{2}{7} \div 1\dfrac{1}{14}$

⑳ $3\dfrac{5}{9} \div 3\dfrac{11}{15}$

21日 ３つの分数のかけ算とわり算

$\dfrac{5}{8} \times \dfrac{9}{10} \div \dfrac{3}{16}$ の計算

計算のしかた

$\dfrac{5}{8} \times \dfrac{9}{10} \div \dfrac{3}{16}$

❶ $= \dfrac{5}{8} \times \dfrac{9}{10} \times \dfrac{16}{3}$

わり算をかけ算に直す

❷

分母どうし，分子どうしをまとめてかけて約分する

$= \dfrac{5 \times \overset{3}{\cancel{9}} \times \overset{2}{\cancel{16}}}{\cancel{8} \times \cancel{10} \times \cancel{3}}$

❸ $= 3$

□をうめて，計算のしかたを覚えよう。

❶ わる数 $\dfrac{3}{16}$ の分母と分子を入れかえて，かけ算だけ
の式にします。

$\dfrac{5}{8} \times \dfrac{9}{10} \div \dfrac{3}{16} = \dfrac{5}{8} \times \dfrac{9}{10} \times$ ⓵ ▢

３つの分数をまとめて約分しよう。

❷ ３つの分母どうし，分子どうしをまとめてかけて約分すると，

$\dfrac{5}{8} \times \dfrac{9}{10} \times$ ⓵▢ $= \dfrac{5 \times \overset{② \, ▢}{\cancel{9}} \times \overset{2}{\cancel{16}}}{\cancel{8} \times \underset{2}{\cancel{10}} \times \underset{③▢}{\cancel{3}}}$ になります。

❸ 計算すると，答えは ④▢ になります。

覚えよう かけ算とわり算の混じった分数の計算では，まず，わる数の分母と分子を入れかえて，わり算をかけ算に直します。次に，約分して計算します。

1 わり算をしなさい。

① $\dfrac{2}{3} \times \dfrac{8}{9} \div \dfrac{8}{15}$

② $\dfrac{3}{5} \times \dfrac{3}{8} \div \dfrac{9}{10}$

③ $\dfrac{6}{7} \times \dfrac{5}{6} \div \dfrac{5}{14}$

④ $\dfrac{5}{6} \div \dfrac{7}{12} \times \dfrac{3}{10}$

⑤ $\dfrac{1}{6} \div \dfrac{3}{8} \times \dfrac{3}{4}$

⑥ $\dfrac{3}{8} \div \dfrac{1}{6} \div \dfrac{1}{4}$

⑦ $\dfrac{9}{14} \div \dfrac{3}{7} \div \dfrac{2}{3}$

2 わり算をしなさい。

① $1\dfrac{3}{4} \times \dfrac{4}{5} \div \dfrac{7}{8}$

② $5\dfrac{1}{4} \times 1\dfrac{1}{9} \div \dfrac{7}{15}$

③ $\dfrac{9}{10} \times 3\dfrac{3}{4} \div 1\dfrac{7}{8}$

④ $1\dfrac{1}{5} \div \dfrac{4}{5} \times \dfrac{2}{3}$

⑤ $1\dfrac{5}{9} \div 2\dfrac{1}{3} \times 1\dfrac{1}{8}$

⑥ $2\dfrac{1}{7} \div 1\dfrac{2}{3} \div 1\dfrac{2}{7}$

⑦ $3\dfrac{3}{8} \div 5 \div 2\dfrac{1}{4}$

1 わり算をしなさい。(1つ8点)

① $3\dfrac{1}{5} \div 1\dfrac{1}{3}$

② $2\dfrac{9}{10} \div 3\dfrac{4}{5}$

③ $5\dfrac{5}{9} \div 3\dfrac{7}{11}$

④ $3\dfrac{3}{7} \div 4\dfrac{2}{3}$

⑤ $4\dfrac{6}{11} \div 5\dfrac{5}{7}$

⑥ $10\dfrac{1}{2} \div 5\dfrac{1}{4}$

⑦ $1\dfrac{41}{50} \div 2\dfrac{3}{5}$

⑧ $5\dfrac{5}{7} \div 4\dfrac{16}{21}$

2 わり算をしなさい。(1つ6点)

① $\dfrac{3}{5} \times \dfrac{6}{7} \div \dfrac{9}{10}$

② $\dfrac{5}{9} \div \dfrac{3}{4} \times \dfrac{1}{2}$

③ $\dfrac{15}{26} \times 1\dfrac{2}{5} \div \dfrac{3}{13}$

④ $\dfrac{3}{4} \div 1\dfrac{1}{2} \times 2\dfrac{5}{6}$

⑤ $\dfrac{7}{10} \div 14 \div 1\dfrac{1}{4}$

⑥ $1\dfrac{3}{4} \div 3\dfrac{1}{2} \div 1\dfrac{2}{3}$

1 わり算をしなさい。(1つ6点)

① $2\frac{4}{5} \div 2\frac{5}{8}$

② $1\frac{1}{14} \div 3\frac{4}{7}$

③ $6\frac{1}{15} \div 1\frac{3}{10}$

④ $10\frac{1}{2} \div 4\frac{2}{3}$

⑤ $6\frac{1}{4} \div 4\frac{1}{6}$

⑥ $28\frac{7}{8} \div 31\frac{1}{2}$

2 わり算をしなさい。(1つ8点)

① $\frac{3}{8} \times \frac{2}{3} \div \frac{1}{4}$

② $\frac{5}{9} \div \frac{13}{18} \times 1\frac{3}{5}$

③ $\frac{9}{10} \div \frac{14}{15} \times 1\frac{1}{6}$

④ $\frac{13}{27} \times 2\frac{2}{3} \div \frac{4}{9}$

⑤ $3\frac{3}{8} \times 1\frac{1}{12} \div \frac{15}{16}$

⑥ $5\frac{5}{6} \div \frac{14}{15} \times 1\frac{3}{5}$

⑦ $\frac{3}{4} \div 2\frac{5}{8} \div 1\frac{1}{14}$

⑧ $1\frac{1}{9} \div 3\frac{1}{8} \div 2\frac{2}{15}$

1 わり算をしなさい。（1つ5点）

① $2\dfrac{3}{5} \div \dfrac{1}{15}$

② $2\dfrac{5}{8} \div \dfrac{3}{4}$

③ $1\dfrac{4}{5} \div \dfrac{3}{7}$

④ $2\dfrac{2}{9} \div \dfrac{5}{12}$

⑤ $2\dfrac{1}{4} \div \dfrac{15}{28}$

⑥ $5\dfrac{2}{5} \div \dfrac{9}{10}$

2 わり算をしなさい。（1つ5点）

① $\dfrac{7}{10} \div 2\dfrac{4}{5}$

② $\dfrac{8}{9} \div 1\dfrac{1}{15}$

③ $\dfrac{5}{12} \div 4\dfrac{1}{6}$

④ $\dfrac{3}{8} \div 3\dfrac{3}{4}$

⑤ $\dfrac{15}{16} \div 3\dfrac{1}{8}$

⑥ $\dfrac{8}{15} \div 2\dfrac{2}{5}$

⑦ $\dfrac{4}{7} \div 3\dfrac{1}{5}$

⑧ $\dfrac{14}{15} \div 4\dfrac{1}{5}$

3 わり算をしなさい。（1つ5点）

① $12 \div 1\dfrac{2}{3}$

② $2\dfrac{4}{5} \div 3$

③ $25 \div 6\dfrac{1}{4}$

④ $2\dfrac{3}{11} \div 15$

⑤ $40 \div 2\dfrac{1}{7}$

⑥ $3\dfrac{1}{8} \div 105$

まとめ テスト (6)

1 わり算をしなさい。（1つ8点）

① $1\dfrac{1}{2} \div 2\dfrac{1}{4}$　　　　② $3\dfrac{3}{5} \div 1\dfrac{4}{5}$

③ $2\dfrac{2}{3} \div 3\dfrac{1}{6}$　　　　④ $3\dfrac{1}{8} \div 3\dfrac{3}{4}$

⑤ $3\dfrac{3}{5} \div 4\dfrac{2}{10}$　　　　⑥ $4\dfrac{4}{9} \div 4\dfrac{1}{6}$

⑦ $4\dfrac{7}{8} \div 3\dfrac{1}{4}$　　　　⑧ $2\dfrac{1}{12} \div 5\dfrac{5}{6}$

2 わり算をしなさい。（1つ6点）

① $\dfrac{5}{13} \div \dfrac{1}{26} \times \dfrac{1}{5}$

② $\dfrac{5}{8} \times 1\dfrac{7}{8} \div \dfrac{3}{4}$

★③ $2\dfrac{1}{4} \div 9 \div \dfrac{3}{20}$

④ $5\dfrac{2}{5} \times 1\dfrac{1}{9} \div 1\dfrac{1}{5}$

⑤ $4\dfrac{1}{6} \div 3\dfrac{1}{8} \times \dfrac{7}{10}$

⑥ $3\dfrac{3}{4} \div 3\dfrac{1}{2} \div 4\dfrac{2}{7}$

24日 分数と小数のわり算

$2\dfrac{7}{10} \div 3.6$ の計算

計算のしかた

$$2\dfrac{7}{10} \div 3.6$$

❶
$$= \dfrac{27}{10} \div \dfrac{36}{10}$$

帯分数を仮分数に直し，小数を分数に直す

❷
$$= \dfrac{27}{10} \times \dfrac{10}{36}$$

わり算をかけ算に直す

$$= \dfrac{27 \times \overset{3}{\cancel{10}}\overset{1}{}}{\underset{1}{\cancel{10}} \times \underset{4}{36}}$$

分母どうし，分子どうしをかけて約分する

❸
$$= \dfrac{3}{4}$$

☐をうめて，計算のしかたを覚えよう。

❶ 帯分数を仮分数に直し，小数を分数に直すと，$2\dfrac{7}{10} = \dfrac{\boxed{①}}{10}$，

$3.6 = \dfrac{\boxed{②}}{10}$ だから，$2\dfrac{7}{10} \div 3.6 = \dfrac{\boxed{①}}{10} \div \dfrac{\boxed{②}}{10}$ になります。

❷ わり算をかけ算に直すと，

$\dfrac{\boxed{①}}{10} \div \dfrac{\boxed{②}}{10} = \dfrac{\boxed{①}}{10} \times \boxed{③}$ になります。

❸ 約分して計算すると，答えは $\dfrac{27 \times \overset{3}{\cancel{10}}\overset{1}{}}{\underset{1}{\cancel{10}} \times \underset{4}{36}} = \boxed{④}$ になります。

覚えよう 分数と小数のわり算は，帯分数を仮分数に直し，小数を分数に直してから，真分数どうしのわり算と同じように計算します。

計算してみよう

1 わり算をしなさい。

① $\dfrac{5}{6} \div 0.5$

② $0.4 \div \dfrac{5}{6}$

③ $\dfrac{4}{7} \div 2.5$

④ $5.5 \div \dfrac{11}{20}$

⑤ $\dfrac{14}{25} \div 0.7$

⑥ $0.32 \div \dfrac{4}{9}$

⑦ $\dfrac{11}{15} \div 3.3$

⑧ $0.75 \div \dfrac{9}{8}$

⑨ $\dfrac{18}{25} \div 7.2$

⑩ $4.9 \div \dfrac{7}{10}$

⑪ $1\dfrac{3}{11} \div 0.7$

⑫ $2.4 \div 1\dfrac{2}{3}$

⑬ $1\dfrac{1}{2} \div 1.4$

⑭ $0.25 \div 2\dfrac{5}{12}$

⑮ $1\dfrac{5}{7} \div 1.8$

25日 小数・分数のかけ算とわり算

$0.25 \div \dfrac{5}{8} \times 0.75$ の計算

計算のしかた

$$0.25 \div \frac{5}{8} \times 0.75$$

❶
$$= \frac{1}{4} \div \frac{5}{8} \times \frac{3}{4}$$
小数を分数に直す

❷
$$= \frac{1}{4} \times \frac{8}{5} \times \frac{3}{4}$$
わり算をかけ算に直す

$$= \frac{1 \times \overset{2}{\cancel{8}} \times 3}{\underset{1}{\cancel{4}} \times 5 \times \underset{2}{\cancel{4}}}$$
分母どうし，分子どうしをまとめてかけて約分する

❸
$$= \frac{3}{10}$$

☐をうめて，計算のしかたを覚えよう。

❶ 小数を分数に直すと，$0.25 = \dfrac{\boxed{①}}{100} = \dfrac{1}{4}$，$0.75 = \dfrac{75}{100} = \boxed{②}$ だか

ら，$0.25 \div \dfrac{5}{8} \times 0.75 = \dfrac{1}{4} \div \dfrac{5}{8} \times \boxed{②}$ になります。

❷ わり算をかけ算に直すと，

$\dfrac{1}{4} \div \dfrac{5}{8} \times \boxed{②} = \dfrac{1}{4} \times \boxed{③} \times \boxed{②}$ になります。

❸ 約分して計算すると，答えは $\dfrac{1 \times \overset{2}{\cancel{8}} \times 3}{\underset{1}{\cancel{4}} \times 5 \times \underset{2}{\cancel{4}}} = \boxed{④}$ になります。

覚えよう 小数・分数の混じったかけ算やわり算は，小数を分数に直すといつでも計算できます。

1 計算をしなさい。

① $0.3 \times \dfrac{5}{6} \div \dfrac{1}{4}$

② $\dfrac{5}{6} \times 1.8 \times \dfrac{8}{9}$

③ $2\dfrac{2}{7} \div \dfrac{16}{21} \times 0.75$

④ $1\dfrac{7}{8} \div 2.25 \div 3\dfrac{1}{3}$

⑤ $3\dfrac{1}{3} \times 0.8 \div \dfrac{8}{9}$

⑥ $0.9 \times 1.25 \times \dfrac{14}{15}$

⑦ $\dfrac{5}{18} \div \dfrac{5}{9} \times 1.2$

⑧ $2\dfrac{2}{3} \times 3.75 \div \dfrac{5}{6}$

⑨ $2.8 \div \dfrac{4}{9} \div 2.1$

⑩ $4.5 \times 1\dfrac{1}{6} \times \dfrac{8}{21}$

⑪ $1\dfrac{1}{14} \div 0.6 \times 1.4$

⑫ $4.2 \div 0.75 \div 1\dfrac{13}{15}$

1 わり算をしなさい。(1つ8点)

① $\dfrac{6}{7} \div 0.3$

② $1.4 \div \dfrac{5}{6}$

③ $\dfrac{9}{10} \div 0.8$

④ $4.8 \div \dfrac{12}{17}$

⑤ $\dfrac{19}{25} \div 5.7$

⑥ $0.77 \div 2\dfrac{1}{5}$

⑦ $1\dfrac{3}{7} \div 1.8$

⑧ $3.15 \div 4\dfrac{1}{5}$

2 計算をしなさい。(1つ6点)

① $0.5 \times \dfrac{12}{13} \times 4\dfrac{7}{8}$

② $3\dfrac{3}{4} \times 0.4 \div 1.1$

③ $7.5 \div 1\dfrac{11}{14} \times 2\dfrac{2}{7}$

④ $\dfrac{5}{6} \times 1.3 \times \dfrac{6}{7}$

⑤ $1\dfrac{7}{8} \times 1.2 \div 1\dfrac{1}{8}$

⑥ $1\dfrac{7}{20} \div 1.25 \div 0.9$

1 わり算をしなさい。(1つ8点)

① $\dfrac{2}{3} \div 3.5$

② $1.4 \div \dfrac{2}{3}$

③ $\dfrac{3}{4} \div 0.6$

④ $0.75 \div \dfrac{7}{8}$

⑤ $\dfrac{8}{15} \div 3.2$

⑥ $0.35 \div \dfrac{9}{20}$

⑦ $2\dfrac{2}{3} \div 0.4$

⑧ $4.5 \div 2\dfrac{1}{2}$

2 計算をしなさい。(1つ6点)

① $0.9 \times \dfrac{2}{3} \times 1\dfrac{2}{3}$

② $2\dfrac{1}{3} \times 0.6 \div 0.7$

③ $4\dfrac{4}{7} \div 3.2 \times 2.4$

④ $5\dfrac{5}{9} \times 1.35 \div 2.1$

⑤ $0.5 \div \dfrac{9}{16} \times 0.75$

⑥ $1.8 \div 1.5 \div \dfrac{4}{5}$

27日 x の値を求める計算 (1)

$x+12=27$, $x \div 9=34$ の x の値の求め方

計算のしかた

❶ $x+12=27$

　　$x=27-12$ ） ひき算を使う

　　$x=15$

❷ $x \div 9=34$

　　$x=34 \times 9$ ） かけ算を使う

　　$x=306$

をうめて，計算のしかたを覚えよう。

❶ $x+12=27$ の式で，x の値を求めるには，

ひき算を使って，$x=27-$ ① ┃ とします。

計算すると，$x=$ ② になります。

❷ $x \div 9=34$ の式で，x の値を求めるには，

かけ算を使って，$x=34$ ③ 9 とします。

計算すると，$x=$ ④ になります。

たし算，ひき算，かけ算，わり算のどれを使えばいいかな？

覚えよう

x の値を求めるには，次のように考えます。

・$x+● = ▲$，$● + x = ▲$ では，$x = ▲ - ●$

・$x - ● = ▲$ では，$x = ▲ + ●$

・$● - x = ▲$ では，$x = ● - ▲$

・$x × ● = ▲$，$● × x = ▲$ では，$x = ▲ ÷ ●$

・$x ÷ ● = ▲$ では，$x = ▲ × ●$

・$● ÷ x = ▲$ では，$x = ● ÷ ▲$

計算してみよう

1 x の値を求めなさい。

① $x+9=17$　② $x+20=45$

③ $16+x=30$　④ $30+x=76$

⑤ $x-6=14$　⑥ $x-19=38$

⑦ $x-30=70$　⑧ $20-x=9$

⑨ $32-x=15$　⑩ $100-x=60$

⑪ $x×6=54$　⑫ $x×5=200$

⑬ $8×x=40$　⑭ $4×x=500$

⑮ $x÷6=15$　⑯ $x÷5=24$

⑰ $x÷8=50$　⑱ $42÷x=7$

⑲ $30÷x=3$　⑳ $150÷x=6$

54

28日 x の値を求める計算 (2)

月　　日

$x\div6+15=20$, $(x-35)\div5=3$ のxの値の求め方

計算のしかた

❶ $x\div6+15=20$　←■+15=20 と考える
  └ ひとまとまりとみる

  $x\div6=20-15$

  $x\div6=5$

  $x=5\times6$

  $x=30$

❷ $(x-35)\div5=3$　←■÷5=3 と考える
  └ ひとまとまりとみる

  $x-35=3\times5$

  $x-35=15$

  $x=15+35$

  $x=50$

☐ をうめて，計算のしかたを覚えよう。

❶ $x\div6+15=20$ の式で，$x\div6$ をひとまとまりとみて，

$x\div6=20$ ① ☐ 15 として計算します。

20 ① ☐ $15=$ ② ☐ だから，$x\div6=$ ② ☐ になります。

$x=5\times6$ の計算から，$x=$ ③ ☐ になります。

計算の順序をまちがえないように注意しよう！

❷ $(x-35)\div5=3$ の式で，$(x-35)$ をひとまとまりとみて，

$x-35=3\times$ ④ ☐ として計算します。

$3\times$ ④ ☐ $=$ ⑤ ☐ だから，$x-35=$ ⑤ ☐ になります。

$x=15+35$ の計算から，$x=$ ⑥ ☐ になります。

覚えよう　xをふくむ部分をひとまとまりとみて計算します。

55

✏ 計算してみよう

1 x の値(あたい)を求めなさい。

① $x \times 4 + 8 = 68$

② $x \times 6 - 9 = 63$

③ $8 \times x - 36 = 92$

④ $x \div 8 + 4 = 10$

⑤ $36 \div x + 8 = 12$

⑥ $72 \div x - 2 = 7$

2 x の値を求めなさい。

① $x \times 2 \times 9 = 72$

② $x \times 3 \div 6 = 6$

③ $x \div 4 \times 7 = 28$

④ $x \div 3 \div 2 = 5$

⑤ $(x+6) \times 5 = 65$

⑥ $(20+x) \times 4 = 200$

⑦ $(x-5) \times 3 = 39$

⑧ $(21-x) \times 6 = 54$

⑨ $(x+7) \div 7 = 4$

⑩ $(60-x) \div 6 = 8$

1 x の値を求めなさい。（1つ5点）

① $x+7=15$

② $29+x=66$

③ $14-x=5$

④ $x-18=24$

⑤ $x\times 8=56$

⑥ $14\times x=112$

⑦ $x\div 5=6$

⑧ $96\div x=12$

2 x の値を求めなさい。（1つ6点）

① $x\times 7+15=50$

② $4\times x-26=46$

③ $x\div 8+14=20$

④ $81\div x-7=2$

⑤ $x\times 3\times 6=72$

⑥ $x\times 9\div 6=6$

⑦ $x\div 7\times 9=63$

⑧ $x\div 6\div 3=3$

⑨ $(x+27)\times 7=280$

⑩ $(80-x)\div 8=4$

1 x の値を求めなさい。(1つ6点)

① $x+28=42$

② $x-35=27$

③ $13 \times x=52$

④ $90 \div x=6$

⑤ $x \times 9+28=100$

⑥ $x \times 8 \div 6=96$

2 x の値を求めなさい。(1つ8点)

① $x \times 13+53=300$

② $24 \times x-167=217$

③ $216 \div x+82=100$

④ $12 \times x \times 16=1344$

⑤ $x \div 12 \times 28=336$

⑥ $(x-34) \times 7=112$

⑦ $(x+59) \times 7=1659$

⑧ $(x-12) \div 14=42$

1 わり算をしなさい。(1つ5点)

① $0.6 \div \dfrac{3}{4}$

② $7.2 \div \dfrac{9}{10}$

③ $1\dfrac{4}{5} \div 2.7$

④ $0.28 \div \dfrac{14}{45}$

2 計算をしなさい。(1つ8点)

① $\dfrac{5}{6} \times \dfrac{3}{10} \div 1.25$

② $0.35 \div 1\dfrac{1}{13} \times \dfrac{15}{26}$

③ $1.6 \div 0.36 \div \dfrac{10}{27}$

3 x の値を求めなさい。(1つ7点)

① $x + 24 = 60$

② $x - 55 = 45$

③ $x \times 7 = 84$

④ $x \div 14 = 3$

⑤ $26 - x = 8$

⑥ $450 \div x = 18$

⑦ $x \times 6 + 48 = 126$

⑧ $x \div 3 \times 7 = 56$

まとめ テスト (8)

1 わり算をしなさい。(1つ6点)

① $0.8 \div \dfrac{7}{10}$

② $0.75 \div \dfrac{2}{3}$

③ $1.8 \div 1\dfrac{5}{7}$

④ $3.84 \div \dfrac{8}{15}$

2 計算をしなさい。(1つ7点)

① $0.75 \times \dfrac{2}{3} \times 1\dfrac{2}{5}$

② $3\dfrac{1}{3} \times 1.2 \div 1\dfrac{5}{7}$

③ $0.9 \div 0.15 \times 2\dfrac{5}{6}$

④ $0.8 \div 1.6 \div 1\dfrac{1}{8}$

3 x の値を求めなさい。(1つ6点)

① $24 + x = 42$

② $90 - x = 34$

③ $9 \times x = 108$

④ $x \div 7 = 18$

⑤ $x \div 18 + 73 = 100$

⑥ $32 \times x \div 24 = 48$

⑦ $(37 + x) \times 8 = 688$

⑧ $(x - 64) \div 6 = 15$

進級テスト (1)

1 かけ算をしなさい。（1つ2点）

① $\dfrac{2}{9} \times 12$

② $7\dfrac{2}{3} \times 6$

③ $7 \times \dfrac{2}{5}$

④ $18 \times \dfrac{3}{8}$

⑤ $20 \times 1\dfrac{3}{4}$

⑥ $100 \times 3\dfrac{1}{10}$

⑦ $\dfrac{7}{18} \times \dfrac{3}{14}$

⑧ $\dfrac{9}{10} \times \dfrac{5}{6}$

⑨ $2\dfrac{1}{4} \times \dfrac{8}{15}$

⑩ $4\dfrac{4}{9} \times \dfrac{3}{8}$

⑪ $\dfrac{5}{6} \times 1\dfrac{17}{25}$

⑫ $1\dfrac{1}{4} \times 1\dfrac{3}{5}$

⑬ $3\dfrac{5}{9} \times 1\dfrac{7}{8}$

⑭ $2\dfrac{6}{7} \times 5\dfrac{1}{4}$

⑮ $\dfrac{8}{9} \times 3\dfrac{3}{4} \times 1\dfrac{1}{5}$

⑯ $3\dfrac{1}{5} \times 2\dfrac{11}{12} \times 5\dfrac{5}{7}$

2 計算をしなさい。（1つ4点）

① $0.84 \times \dfrac{5}{7}$

② $1.75 \times \dfrac{4}{21}$

③ $0.8 \div \dfrac{3}{10}$

④ $2.75 \div 1\dfrac{5}{6}$

3 わり算をしなさい。(1つ2点)

① $\dfrac{3}{5} \div 5$

② $\dfrac{9}{10} \div 45$

③ $30 \div 1\dfrac{3}{4}$

④ $150 \div 5\dfrac{5}{8}$

⑤ $\dfrac{5}{12} \div \dfrac{5}{9}$

⑥ $2\dfrac{2}{9} \div \dfrac{5}{6}$

⑦ $\dfrac{11}{12} \div 1\dfrac{1}{8}$

⑧ $\dfrac{4}{5} \div 2\dfrac{2}{15}$

⑨ $1\dfrac{5}{7} \div 2\dfrac{1}{4}$

⑩ $4\dfrac{4}{5} \div 3\dfrac{3}{4}$

4 計算をしなさい。(1つ4点)

① $2\dfrac{5}{8} \times 1\dfrac{5}{7} \div 1\dfrac{1}{5}$

② $\dfrac{6}{7} \div \dfrac{3}{5} \times \dfrac{7}{10}$

③ $0.6 \times \dfrac{5}{6} \times 0.25$

④ $3\dfrac{1}{3} \div 3.5 \div 1\dfrac{3}{7}$

5 x の値を求めなさい。(1つ4点)

① $x \times 15 - 245 = 175$

② $x \div 7 \div 4 = 12$

③ $(19 + x) \times 8 = 320$

④ $(x - 37) \div 7 = 9$

進級テスト (2)

1 かけ算をしなさい。(1つ2点)

① $\dfrac{3}{4} \times \dfrac{2}{3}$　　　　　② $\dfrac{8}{9} \times \dfrac{5}{6}$

③ $9 \times \dfrac{5}{6}$　　　　　④ $28 \times \dfrac{9}{14}$

⑤ $\dfrac{2}{15} \times 8$　　　　　⑥ $\dfrac{2}{9} \times 6$

⑦ $2\dfrac{3}{5} \times \dfrac{3}{4}$　　　　　⑧ $2\dfrac{3}{4} \times \dfrac{4}{5}$

⑨ $1\dfrac{1}{3} \times 1\dfrac{1}{4}$　　　　　⑩ $3\dfrac{3}{4} \times 1\dfrac{1}{5}$

⑪ $2\dfrac{2}{5} \times 1\dfrac{7}{8}$　　　　　⑫ $2\dfrac{5}{8} \times 10$

⑬ $\dfrac{5}{6} \times 4\dfrac{4}{5}$　　　　　⑭ $15 \times 3\dfrac{1}{5}$

⑮ $\dfrac{2}{3} \times \dfrac{3}{4} \times 1\dfrac{2}{7}$

⑯ $1\dfrac{1}{3} \times 2\dfrac{1}{4} \times 1\dfrac{1}{2}$

2 計算をしなさい。(1つ4点)

① $1\dfrac{1}{4} \times 0.24$　　　　　★② $3.375 \times 2\dfrac{2}{9}$

③ $1.25 \div 1\dfrac{7}{8}$　　　　　④ $2\dfrac{3}{5} \div 0.65$

3 わり算をしなさい。(1つ2点)

① $\dfrac{3}{4} \div \dfrac{6}{7}$

② $\dfrac{4}{5} \div \dfrac{8}{9}$

③ $\dfrac{8}{11} \div 12$

④ $34 \div 1\dfrac{8}{9}$

⑤ $2\dfrac{2}{9} \div \dfrac{5}{8}$

⑥ $4\dfrac{4}{9} \div \dfrac{5}{6}$

⑦ $\dfrac{3}{8} \div 5\dfrac{1}{3}$

⑧ $60 \div 4\dfrac{2}{7}$

⑨ $2\dfrac{3}{5} \div 1\dfrac{7}{10}$

⑩ $4\dfrac{9}{10} \div 2\dfrac{5}{8}$

4 計算をしなさい。(1つ4点)

① $3\dfrac{1}{3} \div 3\dfrac{3}{4} \div 3\dfrac{2}{3}$

② $2\dfrac{8}{9} \times 1\dfrac{2}{13} \div 1\dfrac{5}{13}$

③ $3.2 \times \dfrac{3}{4} \div 1\dfrac{1}{15}$

④ $2\dfrac{1}{3} \times 0.75 \div 14$

5 x の値を求めなさい。(1つ4点)

① $x \times 6 + 2 = 80$

② $17 \times x \div 2 = 136$

③ $(620 + x) \div 25 = 28$

④ $1950 \div (350 - x) = 39$

●1ページ

1　① $\dfrac{43}{72}$　② $1\dfrac{11}{24}$　③ $2\dfrac{7}{12}$　④ $6\dfrac{23}{30}$

⑤ $7\dfrac{11}{18}$　⑥ $\dfrac{7}{20}$　⑦ $\dfrac{23}{24}$　⑧ $2\dfrac{1}{2}$　⑨ $\dfrac{5}{14}$

⑩ $2\dfrac{29}{48}$

チェックポイント　分母が異なる分数どうしのたし算やひき算は，通分してから計算します。答えは仮分数でも正解ですが，帯分数に直すと大きさがわかりやすくなります。約分できるときは約分します。

計算のしかた

④ $2\dfrac{13}{15}+3\dfrac{9}{10}=2\dfrac{26}{30}+3\dfrac{27}{30}=5\dfrac{53}{30}=6\dfrac{23}{30}$

⑤ $4\dfrac{7}{9}+2\dfrac{5}{6}=4\dfrac{14}{18}+2\dfrac{15}{18}=6\dfrac{29}{18}=7\dfrac{11}{18}$

⑧ $3\dfrac{3}{10}-\dfrac{4}{5}=3\dfrac{3}{10}-\dfrac{8}{10}=2\dfrac{13}{10}-\dfrac{8}{10}=2\dfrac{5}{10}$
$=2\dfrac{1}{2}$

⑩ $5\dfrac{5}{12}-2\dfrac{13}{16}=5\dfrac{20}{48}-2\dfrac{39}{48}=4\dfrac{68}{48}-2\dfrac{39}{48}$
$=2\dfrac{29}{48}$

2　① $3\dfrac{11}{24}$　② $3\dfrac{5}{8}$　③ $2\dfrac{31}{48}$　④ $\dfrac{19}{30}$

⑤ $1\dfrac{17}{24}$

チェックポイント　3つの分数の計算は，通分してからふつう左から右へ順に計算します。（　）がある場合（　）の中を先に計算します。

計算のしかた

① $\dfrac{5}{6}+1\dfrac{3}{4}+\dfrac{7}{8}=\dfrac{20}{24}+1\dfrac{18}{24}+\dfrac{21}{24}=1\dfrac{59}{24}$
$=3\dfrac{11}{24}$

② $2\dfrac{7}{8}+2\dfrac{1}{2}-1\dfrac{3}{4}=2\dfrac{7}{8}+2\dfrac{4}{8}-1\dfrac{6}{8}$
$=4\dfrac{11}{8}-1\dfrac{6}{8}=3\dfrac{5}{8}$

⑤ $\dfrac{5}{6}+\left(1\dfrac{3}{4}-\dfrac{7}{8}\right)=\dfrac{5}{6}+\left(1\dfrac{6}{8}-\dfrac{7}{8}\right)=\dfrac{5}{6}+\dfrac{7}{8}$
$=\dfrac{20}{24}+\dfrac{21}{24}=\dfrac{41}{24}=1\dfrac{17}{24}$

●2ページ

1　① $2\dfrac{1}{5}$（2.2）　② $1\dfrac{47}{60}$　③ $\dfrac{3}{5}$（0.6）

④ $\dfrac{13}{14}$　⑤ $4\dfrac{1}{12}$　⑥ $3\dfrac{6}{35}$　⑦ $\dfrac{7}{24}$　⑧ $1\dfrac{31}{60}$

チェックポイント　小数は，10や100などを分母とする分数に直せます。

$0.7=\dfrac{7}{10}$，$0.45=\dfrac{45}{100}=\dfrac{9}{20}$

計算のしかた

② $1\dfrac{1}{3}+0.45=1\dfrac{1}{3}+\dfrac{9}{20}=1\dfrac{20}{60}+\dfrac{27}{60}=1\dfrac{47}{60}$

⑦ $2.125-1\dfrac{5}{6}=2\dfrac{1}{8}-1\dfrac{5}{6}=1\dfrac{27}{24}-1\dfrac{20}{24}$
$=\dfrac{7}{24}$

2　① $2\dfrac{29}{30}$　② $\dfrac{7}{45}$　③ $1\dfrac{1}{6}$　④ $1\dfrac{27}{50}$（1.54）

チェックポイント　分数と小数の混じったたし算，ひき算は，小数を分数に直すといつでも計算できますが，④のように小数にそろえた方が楽に計算できるときがあります。

計算のしかた

① $2+0.3+\dfrac{2}{3}=2+\dfrac{3}{10}+\dfrac{2}{3}=2+\dfrac{9}{30}+\dfrac{20}{30}$
$=2\dfrac{29}{30}$

④ $3\dfrac{3}{5}-1.76-\dfrac{3}{10}=3.6-1.76-0.3=1.54$

3 ①＜ ②＝ ③＞ ④＞

> ◆チェックポイント▶ 大きさを比べるときは分数を
> 小数に直します。
> $\frac{2}{5}=2\div5=0.4$

計算のしかた

② $\frac{7}{8}=7\div8=0.875$

● 3 ページ

1 ①$1\frac{11}{12}$ ②$2\frac{2}{9}$ ③$\frac{43}{48}$ ④$2\frac{1}{30}$

⑤$\frac{19}{30}$

> ◆チェックポイント▶ 3つの分数の計算では，（ ）
> がある場合（ ）の中を先に計算します。

計算のしかた

③$3\frac{3}{16}-\left(1\frac{5}{12}+\frac{7}{8}\right)=3\frac{3}{16}-\left(1\frac{10}{24}+\frac{21}{24}\right)$

$=3\frac{3}{16}-2\frac{7}{24}=3\frac{9}{48}-2\frac{14}{48}$

$=2\frac{57}{48}-2\frac{14}{48}=\frac{43}{48}$

④$3\frac{2}{15}-\left(1\frac{4}{5}-\frac{7}{10}\right)=3\frac{2}{15}-\left(1\frac{8}{10}-\frac{7}{10}\right)$

$=3\frac{2}{15}-1\frac{1}{10}=3\frac{4}{30}-1\frac{3}{30}=2\frac{1}{30}$

2 ①0.375 ②2.05 ③5 ④2.75

⑤3.84 ⑥$1\frac{7}{10}$ ⑦$\frac{3}{4}$ ⑧$4\frac{3}{25}$ ⑨$3\frac{9}{20}$

⑩$8\frac{1}{8}$

> ◆チェックポイント▶ 分数を小数に直すときは，分
> 子を分母でわります。小数を分数に直すときは，
> 分母が 10 や 100 の分数に直し，約分できる
> ときは約分します。

計算のしかた

⑤$21\div25=0.84$ → $3\frac{21}{25}=3.84$

⑩$8.125=8\frac{125}{1000}=8\frac{1}{8}$

● 4 ページ

1 ①$2\frac{5}{6}$ ②$\frac{3}{20}$ (0.15) ③1 ④$2\frac{1}{40}$

⑤$3\frac{4}{15}$ ⑥$\frac{11}{30}$ ⑦$\frac{5}{6}$ ⑧$3\frac{1}{12}$ ⑨$2\frac{23}{52}$

⑩$1\frac{11}{24}$

2 ①$2\frac{1}{2}$ (2.5) ②$1\frac{7}{12}$ ③$1\frac{5}{8}$ (1.625)

④$\frac{11}{40}$ (0.275) ⑤$2\frac{37}{70}$

計算のしかた

①$3-1\frac{3}{10}+0.8=3-1\frac{3}{10}+\frac{8}{10}$

$=2\frac{10}{10}-1\frac{3}{10}+\frac{8}{10}=1\frac{7}{10}+\frac{8}{10}=1\frac{15}{10}$

$=2\frac{5}{10}=2\frac{1}{2}$

$3-1\frac{3}{10}+0.8=3-1.3+0.8=2.5$

④$2\frac{1}{5}-\left(0.8+1\frac{1}{8}\right)=2\frac{1}{5}-\left(\frac{8}{10}+1\frac{1}{8}\right)$

$=2\frac{1}{5}-\left(\frac{32}{40}+1\frac{5}{40}\right)=2\frac{1}{5}-1\frac{37}{40}$

$=2\frac{8}{40}-1\frac{37}{40}=1\frac{48}{40}-1\frac{37}{40}=\frac{11}{40}$

$2\frac{1}{5}-\left(0.8+1\frac{1}{8}\right)=2.2-(0.8+1.125)$

$=2.2-1.925=0.275$

● 5 ページ

□内 ①5 ②$\frac{8}{15}$ ③2 ④1 ⑤$\frac{2}{7}$

● 6 ページ

1 ①$\frac{1}{12}$ ②$\frac{1}{3}$ ③$\frac{2}{5}$ ④$\frac{1}{8}$ ⑤$\frac{1}{4}$ ⑥$\frac{5}{72}$

⑦$\frac{1}{30}$ ⑧$\frac{2}{15}$ ⑨$\frac{4}{35}$ ⑩$\frac{9}{44}$ ⑪$\frac{1}{3}$

⑫$\frac{8}{15}$ ⑬$\frac{1}{12}$ ⑭$\frac{3}{4}$ ⑮$\frac{3}{5}$ ⑯$\frac{1}{2}$ ⑰$\frac{1}{3}$

⑱$\frac{5}{18}$ ⑲$\frac{1}{3}$ ⑳$\frac{2}{9}$

<チェックポイント> 真分数に真分数をかけるには，分母どうし，分子どうしをそれぞれかけます。約分できるときは，計算のとちゅうで約分します。

計算のしかた

⑩ $\dfrac{6}{11} \times \dfrac{3}{8} = \dfrac{6 \times 3}{11 \times 8} = \dfrac{9}{44}$

⑬ $\dfrac{3}{8} \times \dfrac{2}{9} = \dfrac{3 \times 2}{8 \times 9} = \dfrac{1}{12}$

⑳ $\dfrac{5}{12} \times \dfrac{8}{15} = \dfrac{5 \times 8}{12 \times 15} = \dfrac{2}{9}$

●**7ページ**

□内 ① $\dfrac{9}{1}$ ② 3 ③ 2 ④ 7

●**8ページ**

1 ① $\dfrac{2}{3}$ ② $1\dfrac{3}{7}$ ③ $4\dfrac{4}{5}$ ④ $2\dfrac{1}{10}$ ⑤ $1\dfrac{7}{9}$

⑥ $6\dfrac{4}{11}$ ⑦ $\dfrac{1}{2}$ ⑧ $4\dfrac{1}{2}$ ⑨ $4\dfrac{2}{3}$ ⑩ $4\dfrac{1}{2}$

⑪ $6\dfrac{2}{3}$ ⑫ 3 ⑬ $9\dfrac{1}{3}$ ⑭ 6 ⑮ 10 ⑯ $7\dfrac{1}{2}$

⑰ $13\dfrac{1}{3}$ ⑱ $34\dfrac{2}{7}$ ⑲ 42 ⑳ 45

<チェックポイント> 整数と真分数のかけ算は，整数を分母が1の形の分数に直せば，真分数どうしのかけ算と同じように計算できます。答えの分母が1になったときは，整数に直しておきます。

計算のしかた

⑦ $\dfrac{1}{6} \times 3 = \dfrac{1}{6} \times \dfrac{3}{1} = \dfrac{1 \times 3}{6 \times 1} = \dfrac{1}{2}$

⑬ $\dfrac{7}{18} \times 24 = \dfrac{7}{18} \times \dfrac{24}{1} = \dfrac{7 \times 24}{18 \times 1} = \dfrac{28}{3} = 9\dfrac{1}{3}$

⑳ $60 \times \dfrac{3}{4} = \dfrac{60}{1} \times \dfrac{3}{4} = \dfrac{60 \times 3}{1 \times 4} = 45$

●**9ページ**

1 ① $\dfrac{9}{28}$ ② $\dfrac{32}{45}$ ③ $\dfrac{1}{2}$ ④ $\dfrac{3}{16}$ ⑤ $\dfrac{6}{7}$

⑥ $\dfrac{2}{3}$ ⑦ $\dfrac{1}{2}$ ⑧ $\dfrac{1}{2}$ ⑨ $\dfrac{1}{10}$ ⑩ $\dfrac{1}{4}$

2 ① $\dfrac{4}{5}$ ② $3\dfrac{1}{8}$ ③ $1\dfrac{5}{9}$ ④ $2\dfrac{4}{7}$ ⑤ $1\dfrac{2}{3}$

⑥ $3\dfrac{1}{3}$ ⑦ $1\dfrac{1}{5}$ ⑧ $2\dfrac{2}{5}$ ⑨ $7\dfrac{1}{2}$ ⑩ $8\dfrac{1}{4}$

●**10ページ**

1 ① $\dfrac{12}{77}$ ② $\dfrac{25}{72}$ ③ $\dfrac{2}{3}$ ④ $\dfrac{1}{6}$ ⑤ $\dfrac{23}{80}$

⑥ $\dfrac{3}{4}$ ⑦ $\dfrac{1}{4}$ ⑧ $\dfrac{2}{15}$ ⑨ $\dfrac{1}{8}$ ⑩ $\dfrac{1}{15}$

<チェックポイント> 計算のとちゅうで約分できるときは，これ以上約分できないところまで約分しておきましょう。

2 ① $1\dfrac{1}{15}$ ② $2\dfrac{10}{13}$ ③ $6\dfrac{2}{3}$ ④ $10\dfrac{1}{2}$

⑤ 12 ⑥ $5\dfrac{4}{7}$ ⑦ $7\dfrac{1}{2}$ ⑧ $11\dfrac{2}{3}$ ⑨ $1\dfrac{1}{2}$

⑩ $13\dfrac{1}{2}$

●**11ページ**

□内 ① 15 ② 3 ③ 1 ④ $\dfrac{3}{4}$

●**12ページ**

1 ① $\dfrac{8}{21}$ ② $1\dfrac{1}{15}$ ③ $2\dfrac{1}{12}$ ④ $2\dfrac{37}{48}$

⑤ $1\dfrac{13}{35}$ ⑥ $2\dfrac{2}{27}$ ⑦ $2\dfrac{4}{15}$ ⑧ $\dfrac{2}{7}$ ⑨ $\dfrac{5}{6}$

⑩ $4\dfrac{1}{4}$ ⑪ 1 ⑫ $1\dfrac{1}{2}$ ⑬ $1\dfrac{1}{2}$ ⑭ $2\dfrac{1}{3}$

⑮ $2\dfrac{1}{2}$ ⑯ $3\dfrac{15}{32}$ ⑰ $1\dfrac{5}{8}$ ⑱ $\dfrac{13}{14}$ ⑲ $1\dfrac{1}{3}$

⑳ $2\dfrac{2}{5}$

チェックポイント　帯分数と真分数のかけ算は，まず帯分数を仮分数に直してから，分母どうし，分子どうしをそれぞれかけます。約分できるときは，計算のとちゅうで約分します。

計算のしかた

⑦ $\dfrac{4}{5} \times 2\dfrac{5}{6} = \dfrac{4}{5} \times \dfrac{17}{6} = \dfrac{\overset{2}{4} \times 17}{5 \times \underset{3}{6}} = \dfrac{34}{15} = 2\dfrac{4}{15}$

⑪ $\dfrac{7}{8} \times 1\dfrac{1}{7} = \dfrac{7}{8} \times \dfrac{8}{7} = \dfrac{\cancel{7} \times \cancel{8}}{\cancel{8} \times \cancel{7}} = 1$

⑳ $3\dfrac{11}{15} \times \dfrac{9}{14} = \dfrac{56}{15} \times \dfrac{9}{14} = \dfrac{\overset{4}{56} \times \overset{3}{9}}{\underset{5}{15} \times \underset{1}{14}} = \dfrac{12}{5}$

$= 2\dfrac{2}{5}$

● **13ページ**

▭内　①9　②14　③3　④2　⑤$10\dfrac{1}{2}$

● **14ページ**

1　①$4\dfrac{7}{12}$　②$2\dfrac{25}{48}$　③$1\dfrac{11}{25}$　④$9\dfrac{1}{28}$

⑤$7\dfrac{33}{56}$　⑥$4\dfrac{83}{132}$　⑦$3\dfrac{1}{5}$　⑧18

⑨$19\dfrac{1}{2}$　⑩10　⑪16　⑫$11\dfrac{1}{4}$　⑬32

⑭$11\dfrac{2}{3}$　⑮9　⑯$22\dfrac{1}{2}$　⑰24　⑱$16\dfrac{11}{14}$

⑲$9\dfrac{13}{18}$　⑳8

チェックポイント　整数と帯分数のかけ算は，整数を分母が1の分数に，帯分数を仮分数に直してから計算します。

計算のしかた

⑧ $3\dfrac{3}{7} \times 5\dfrac{1}{4} = \dfrac{24}{7} \times \dfrac{21}{4} = \dfrac{\overset{6}{24} \times \overset{3}{21}}{\underset{1}{7} \times \underset{1}{4}} = 18$

⑫ $10 \times 1\dfrac{1}{8} = \dfrac{10}{1} \times \dfrac{9}{8} = \dfrac{\overset{5}{10} \times 9}{1 \times \underset{4}{8}} = \dfrac{45}{4} = 11\dfrac{1}{4}$

⑳ $6\dfrac{6}{19} \times 1\dfrac{4}{15} = \dfrac{120}{19} \times \dfrac{19}{15} = \dfrac{\overset{8}{120} \times \overset{1}{19}}{\underset{1}{19} \times \underset{1}{15}} = 8$

● **15ページ**

1　①$1\dfrac{1}{20}$　②$\dfrac{95}{99}$　③$1\dfrac{1}{3}$　④$1\dfrac{1}{2}$　⑤$\dfrac{5}{6}$

⑥$1\dfrac{7}{8}$　⑦$1\dfrac{4}{5}$　⑧$1\dfrac{1}{9}$　⑨1　⑩$1\dfrac{1}{2}$

チェックポイント　分母どうし，分子どうしをかけた数が同じになるとき，答えは1になります。

計算のしかた

⑨ $2\dfrac{4}{5} \times \dfrac{5}{14} = \dfrac{14}{5} \times \dfrac{5}{14} = \dfrac{\overset{1}{\cancel{14}} \times \overset{1}{\cancel{5}}}{\underset{1}{\cancel{5}} \times \underset{1}{\cancel{14}}} = 1$

2　①$1\dfrac{5}{12}$　②$2\dfrac{9}{28}$　③$3\dfrac{13}{80}$　④$3\dfrac{1}{7}$

⑤$8\dfrac{2}{3}$　⑥4　⑦110　⑧128　⑨6

⑩$13\dfrac{1}{3}$

チェックポイント　大きな数の約分では，一度に約分できる数が見つからなくても，まず小さい数で約分し，まだできるようなら，さらに約分します。

計算のしかた

⑧ $1\dfrac{7}{25} \times 100 = \dfrac{32}{25} \times \dfrac{100}{1} = \dfrac{32 \times \overset{\overset{4}{20}}{\cancel{100}}}{\underset{5}{\underset{1}{25}} \times 1} = 128$

● **16ページ**

1　①$1\dfrac{1}{3}$　②$1\dfrac{1}{6}$　③$1\dfrac{11}{27}$　④$\dfrac{7}{10}$

⑤$1\dfrac{5}{12}$　⑥$\dfrac{5}{6}$　⑦$1\dfrac{1}{6}$　⑧3

チェックポイント　39の約数は，1，3，13，39です。九九の中にない数の約分に注意しましょう。

計算のしかた

⑧ $5\dfrac{4}{7} \times \dfrac{7}{13} = \dfrac{39}{7} \times \dfrac{7}{13} = \dfrac{\overset{3}{\cancel{39}} \times \overset{1}{\cancel{7}}}{\underset{1}{\cancel{7}} \times \underset{1}{\cancel{13}}} = 3$

2 ① $9\dfrac{3}{4}$ ② $7\dfrac{1}{12}$ ③ $19\dfrac{1}{4}$ ④ $64\dfrac{1}{2}$

⑤ $4\dfrac{2}{3}$ ⑥ $21\dfrac{2}{3}$ ⑦ 4 ⑧ $7\dfrac{1}{2}$ ⑨ $11\dfrac{2}{3}$

⑩ 5 ⑪ 92 ⑫ $68\dfrac{1}{4}$

◆チェックポイント◆　答えの分母が１になったときは，整数に直しておきます。

計算のしかた

⑪ $72 \times 1\dfrac{5}{18} = \dfrac{72}{1} \times \dfrac{23}{18} = \dfrac{\overset{4}{\cancel{72}} \times 23}{1 \times \cancel{18}} = 92$

●17 ページ

1 ① $\dfrac{1}{8}$ ② $\dfrac{1}{4}$ ③ $\dfrac{1}{4}$ ④ $\dfrac{2}{5}$ ⑤ 56 ⑥ 15

⑦ $3\dfrac{1}{3}$ ⑧ 25

2 ① $2\dfrac{1}{4}$ ② $1\dfrac{7}{8}$ ③ $2\dfrac{5}{6}$ ④ 6 ⑤ $\dfrac{7}{36}$

⑥ $\dfrac{3}{4}$ ⑦ $38\dfrac{1}{4}$ ⑧ $117\dfrac{1}{2}$ ⑨ $5\dfrac{1}{8}$ ⑩ 12

⑪ $7\dfrac{1}{3}$ ⑫ 12

●18 ページ

1 ① $\dfrac{7}{15}$ ② $\dfrac{3}{32}$ ③ 15 ④ 156 ⑤ 12

⑥ 36 ⑦ $\dfrac{5}{6}$ ⑧ $1\dfrac{3}{7}$ ⑨ 52 ⑩ $8\dfrac{1}{2}$

2 ① $5\dfrac{16}{21}$ ② $3\dfrac{1}{7}$ ③ $21\dfrac{2}{3}$ ④ $16\dfrac{1}{2}$

⑤ $1\dfrac{1}{4}$ ⑥ $\dfrac{5}{7}$ ⑦ 550 ⑧ 35 ⑨ 150

⑩ $19\dfrac{2}{3}$

●19 ページ

□内 ① 20 ② 18 ③ 2 ④ 1 ⑤ 6

●20 ページ

1 ① $\dfrac{1}{4}$ ② $\dfrac{1}{2}$ ③ $\dfrac{1}{12}$ ④ $\dfrac{1}{9}$ ⑤ $\dfrac{3}{8}$ ⑥ $\dfrac{1}{6}$

⑦ $\dfrac{1}{30}$

◆チェックポイント◆　３つの分数のかけ算は，３つの分母の積を分母に，３つの分子の積を分子とする分数をつくります。約分は計算のとちゅうでします。

計算のしかた

① $\dfrac{2}{5} \times \dfrac{3}{4} \times \dfrac{5}{6} = \dfrac{\cancel{2} \times \cancel{3} \times \cancel{5}}{\cancel{5} \times \cancel{4} \times \cancel{6}} = \dfrac{1}{4}$

⑥ $\dfrac{7}{12} \times \dfrac{8}{21} \times \dfrac{3}{4} = \dfrac{\cancel{7} \times \cancel{8} \times \cancel{3}}{\cancel{12} \times \cancel{21} \times \cancel{4}} = \dfrac{1}{6}$

2 ① $1\dfrac{1}{2}$ ② 1 ③ $\dfrac{8}{9}$ ④ $\dfrac{7}{8}$ ⑤ $1\dfrac{3}{4}$

⑥ 12 ⑦ 36

◆チェックポイント◆　帯分数は仮分数に直し，整数は分母が１の分数に直して，真分数どうしのかけ算と同じように計算します。

計算のしかた

⑤ $3\dfrac{3}{4} \times 1\dfrac{5}{9} \times \dfrac{3}{10} = \dfrac{15}{4} \times \dfrac{14}{9} \times \dfrac{3}{10}$

$= \dfrac{\overset{5}{\cancel{15}} \times \overset{7}{\cancel{14}} \times \cancel{3}}{4 \times \cancel{9} \times \cancel{10}} = \dfrac{7}{4} = 1\dfrac{3}{4}$

⑥ $2\dfrac{1}{7} \times 1\dfrac{3}{4} \times 3\dfrac{1}{5} = \dfrac{15}{7} \times \dfrac{7}{4} \times \dfrac{16}{5}$

$= \dfrac{\overset{3}{\cancel{15}} \times \overset{1}{\cancel{7}} \times \overset{4}{\cancel{16}}}{\cancel{7} \times \cancel{4} \times \cancel{5}} = 12$

⑦ $4\dfrac{4}{5} \times 4 \times 1\dfrac{7}{8} = \dfrac{24}{5} \times \dfrac{4}{1} \times \dfrac{15}{8}$

$$= \frac{\overset{3}{\cancel{24}} \times 4 \times \overset{3}{\cancel{15}}}{\underset{1}{\cancel{5}} \times 1 \times \underset{1}{\cancel{8}}} = 36$$

●21ページ

□内 ①5 ②4 ③2 ④$\frac{2}{3}$

●22ページ

1 ①$\frac{3}{40}$ ②$\frac{3}{10}$ ③$\frac{51}{80}$ ④$1\frac{2}{5}$ ⑤$\frac{2}{5}$

⑥$\frac{1}{3}$ ⑦$\frac{1}{5}$ ⑧$2\frac{1}{2}$ ⑨$\frac{1}{2}$ ⑩4 ⑪$1\frac{5}{16}$

⑫$\frac{21}{25}$ ⑬$4\frac{19}{20}$ ⑭$\frac{19}{20}$ ⑮$\frac{18}{25}$

計算のしかた

④ $2.1 \times \frac{2}{3} = \frac{21}{10} \times \frac{2}{3} = \frac{\overset{7}{\cancel{21}} \times \overset{1}{\cancel{2}}}{\underset{5}{\cancel{10}} \times \underset{1}{\cancel{3}}} = \frac{7}{5} = 1\frac{2}{5}$

⑮ $2\frac{2}{3} \times 0.27 = \frac{8}{3} \times \frac{27}{100} = \frac{\overset{2}{\cancel{8}} \times \overset{9}{\cancel{27}}}{\underset{1}{\cancel{3}} \times \underset{25}{\cancel{100}}} = \frac{18}{25}$

●23ページ

1 ①1 ②$\frac{4}{15}$ ③9 ④$\frac{7}{10}$ ⑤$\frac{3}{4}$ ⑥4

計算のしかた

⑤ $\frac{14}{17} \times 7\frac{2}{7} \times \frac{1}{8} = \frac{\overset{1}{\cancel{14}} \times \overset{3}{\cancel{51}} \times 1}{\underset{1}{\cancel{17}} \times \underset{1}{\cancel{7}} \times \underset{4}{\cancel{8}}} = \frac{3}{4}$

2 ①$\frac{2}{25}$ ②$\frac{9}{80}$ ③$\frac{1}{24}$ ④$1\frac{1}{2}$ ⑤$1\frac{1}{4}$

⑥$\frac{21}{25}$ ⑦$16\frac{17}{50}$ ⑧$16\frac{1}{2}$

●24ページ

1 ①$\frac{9}{20}$ ②$\frac{1}{70}$ ③$\frac{4}{5}$ ④18 ⑤$5\frac{6}{7}$ ⑥18

2 ①$\frac{1}{20}$ ②$\frac{1}{6}$ ③1 ④$\frac{27}{70}$ ⑤$\frac{5}{8}$ ⑥$\frac{9}{28}$ ⑦$5\frac{7}{10}$ ⑧$4\frac{2}{5}$

●25ページ

□内 ①$\frac{3}{2}$ ②4 ③3 ④4 ⑤1

●26ページ

1 ①2 ②$2\frac{1}{2}$ ③$1\frac{1}{2}$ ④3 ⑤$1\frac{5}{7}$

⑥6 ⑦$1\frac{1}{6}$ ⑧$\frac{1}{4}$ ⑨$\frac{14}{15}$ ⑩$\frac{5}{6}$ ⑪$1\frac{5}{7}$

⑫2 ⑬$2\frac{1}{4}$ ⑭$5\frac{2}{5}$ ⑮2 ⑯$2\frac{1}{24}$

⑰$1\frac{1}{3}$ ⑱$1\frac{1}{4}$ ⑲$2\frac{1}{16}$ ⑳$4\frac{3}{5}$

計算のしかた

④ $\frac{1}{3} \div \frac{1}{9} = \frac{1}{3} \times \frac{9}{1} = \frac{1 \times \overset{3}{\cancel{9}}}{\underset{1}{\cancel{3}} \times 1} = 3$

⑪ $\frac{9}{14} \div \frac{3}{8} = \frac{9}{14} \times \frac{8}{3} = \frac{\overset{3}{\cancel{9}} \times \overset{4}{\cancel{8}}}{\underset{7}{\cancel{14}} \times \underset{1}{\cancel{3}}} = \frac{12}{7} = 1\frac{5}{7}$

●27 ページ

□内 ① $\frac{12}{1}$　② $\frac{4}{3}$　③ 4　④ 1　⑤ 16

●28 ページ

1　① 10　② $\frac{1}{3}$　③ $6\frac{2}{3}$　④ $\frac{1}{21}$　⑤ 9

⑥ $\frac{1}{15}$　⑦ 8　⑧ $\frac{2}{11}$　⑨ $13\frac{5}{7}$　⑩ $\frac{1}{15}$

⑪ 12　⑫ $\frac{1}{27}$　⑬ $9\frac{1}{3}$　⑭ $\frac{3}{50}$　⑮ $9\frac{1}{3}$

⑯ $\frac{1}{25}$　⑰ $53\frac{1}{3}$　⑱ $\frac{1}{120}$　⑲ 135

⑳ $\frac{1}{260}$

◁チェックポイント▷ 整数と真分数のわり算は，整数を分母が1の分数に直せば，真分数どうしのわり算と同じように計算できます。

計算のしかた

② $\frac{2}{3} \div 2 = \frac{2}{3} \div \frac{2}{1} = \frac{2}{3} \times \frac{1}{2} = \frac{2 \times 1}{3 \times \underset{1}{\cancel{2}}} = \frac{1}{3}$

⑲ $120 \div \frac{8}{9} = \frac{120}{1} \times \frac{9}{8} = \frac{\overset{15}{\cancel{120}} \times 9}{1 \times \underset{1}{\cancel{8}}} = 135$

●29 ページ

1　① $\frac{15}{16}$　② $\frac{49}{54}$　③ $1\frac{1}{4}$　④ $1\frac{1}{2}$　⑤ $\frac{1}{3}$

⑥ $\frac{20}{33}$　⑦ $\frac{20}{21}$　⑧ $1\frac{1}{5}$　⑨ 6　⑩ $\frac{9}{14}$

2　① 15　② $\frac{1}{56}$　③ 7　④ $\frac{1}{18}$　⑤ $5\frac{1}{2}$

⑥ $\frac{1}{26}$　⑦ 32　⑧ $\frac{1}{174}$　⑨ 300　⑩ $\frac{1}{200}$

●30 ページ

1　① $1\frac{1}{20}$　② $1\frac{1}{9}$　③ $1\frac{5}{13}$　④ $1\frac{1}{5}$　⑤ $\frac{3}{4}$

⑥ $\frac{3}{4}$　⑦ $1\frac{1}{2}$　⑧ $1\frac{1}{3}$　⑨ $1\frac{1}{3}$　⑩ 6

◁チェックポイント▷ 答えの分母が1になったときは，整数に直しておきます。

2　① $7\frac{7}{8}$　② $\frac{9}{100}$　③ 24　④ $\frac{2}{55}$　⑤ $7\frac{1}{2}$

⑥ $\frac{4}{51}$　⑦ 105　⑧ $\frac{1}{270}$　⑨ $28\frac{1}{3}$

⑩ $\frac{1}{350}$

●31 ページ

1　① $\frac{1}{5}$　② $\frac{1}{5}$　③ 15　④ $13\frac{1}{2}$

2　① $\frac{9}{20}$　② $\frac{2}{15}$　③ $\frac{9}{20}$　④ $2\frac{4}{5}$　⑤ $\frac{2}{15}$

⑥ $\frac{1}{4}$

3　① $1\frac{1}{5}$　② $\frac{2}{3}$　③ $\frac{9}{10}$　④ $1\frac{1}{2}$　⑤ 14

⑥ $\frac{2}{13}$　⑦ 50　⑧ $\frac{1}{175}$

●32 ページ

1　① $\frac{18}{25}$　② $\frac{1}{90}$　③ 2　④ $2\frac{2}{3}$　⑤ $7\frac{1}{2}$

⑥ $3\frac{2}{11}$

2　① $\frac{2}{9}$　② 6　③ $\frac{9}{32}$　④ $15\frac{1}{5}$

◁チェックポイント▷ ある数の各位の数の和が3の倍数であれば，その数は3でわり切れます。この方法で3で約分できるか判断しましょう。

計算のしかた

④ $2.28 \times 6\frac{2}{3} = \frac{228}{100} \times \frac{20}{3} = \frac{\overset{76}{\cancel{228}} \times \overset{1}{\cancel{20}}}{\underset{5}{\cancel{100}} \times \underset{1}{\cancel{3}}} = \frac{76}{5}$

$= 15\frac{1}{5}$

3 ① $\frac{2}{3}$　② $5\frac{1}{3}$　③ $1\frac{3}{4}$　④ $12\frac{2}{3}$　⑤ $\frac{1}{125}$

⑥ 75

〈チェックポイント〉 13 は 65 の約数です。約分できるので見落とさないようにしましょう。

計算のしかた

⑥ $65 \div \frac{13}{15} = \frac{65}{1} \times \frac{15}{13} = \frac{\overset{5}{65} \times 15}{1 \times \cancel{13}} = 75$

● **33 ページ**

☐内　① 15　② $\frac{6}{5}$　③ 3　④ 9　⑤ 1

● **34 ページ**

1　① $4\frac{1}{2}$　② $\frac{24}{115}$　③ $4\frac{2}{5}$　④ $\frac{18}{35}$

⑤ $3\frac{39}{80}$　⑥ $\frac{8}{15}$　⑦ $3\frac{1}{2}$　⑧ $\frac{5}{17}$　⑨ $4\frac{1}{5}$

⑩ $\frac{11}{26}$　⑪ 6　⑫ $\frac{1}{4}$　⑬ 6　⑭ $\frac{2}{9}$　⑮ 32

⑯ $\frac{1}{6}$　⑰ $5\frac{1}{3}$　⑱ $\frac{7}{16}$　⑲ $6\frac{1}{4}$　⑳ $\frac{1}{8}$

〈チェックポイント〉 帯分数と真分数のわり算は，まず帯分数を仮分数に直してから，真分数どうしのわり算と同じように計算します。

計算のしかた

⑤ $3\frac{1}{10} \div \frac{8}{9} = \frac{31}{10} \times \frac{9}{8} = \frac{279}{80} = 3\frac{39}{80}$

⑯ $\frac{8}{21} \div 2\frac{2}{7} = \frac{8}{21} \times \frac{7}{16} = \frac{\cancel{8} \times \cancel{7}}{\cancel{21} \times \cancel{16}} = \frac{1}{6}$

● **35 ページ**

☐内　① 16　② 8　③ $\frac{5}{8}$　④ 10

● **36 ページ**

1　① $\frac{3}{4}$　② $\frac{7}{20}$　③ $1\frac{11}{21}$　④ $1\frac{5}{16}$

⑤ $4\frac{2}{13}$　⑥ $\frac{1}{9}$　⑦ $2\frac{2}{9}$　⑧ $\frac{2}{3}$　⑨ $3\frac{1}{2}$

⑩ $\frac{1}{8}$　⑪ $2\frac{2}{9}$　⑫ $\frac{2}{7}$　⑬ $7\frac{1}{2}$　⑭ $\frac{4}{15}$　⑮ 10

⑯ $\frac{5}{18}$　⑰ 21　⑱ $\frac{7}{9}$　⑲ $9\frac{1}{3}$　⑳ $\frac{9}{20}$

〈チェックポイント〉 整数と帯分数のわり算は，整数を分母が 1 の分数に，帯分数を仮分数に直してから計算します。

計算のしかた

⑱ $10\frac{8}{9} \div 14 = \frac{98}{9} \div \frac{14}{1} = \frac{\overset{7}{98} \times 1}{9 \times \cancel{14}} = \frac{7}{9}$

⑲ $100 \div 10\frac{5}{7} = \frac{100}{1} \div \frac{75}{7} = \frac{100 \times 7}{1 \times \underset{3}{\cancel{75}}}^{4} = \frac{28}{3}$

$\qquad = 9\frac{1}{3}$

● **37 ページ**

1　① $1\frac{7}{8}$　② $\frac{1}{6}$　③ $3\frac{5}{9}$　④ $\frac{1}{5}$　⑤ $2\frac{2}{3}$

⑥ $\frac{8}{21}$　⑦ 4　⑧ $\frac{3}{28}$　⑨ 6　⑩ $\frac{1}{12}$

〈チェックポイント〉 分数の分母と分子を入れかえた数を逆数といいます。分数でわる計算は，わる数の逆数をかけて計算します。

2　① $6\frac{3}{4}$　② $\frac{2}{9}$　③ 15　④ $\frac{5}{12}$　⑤ 33

⑥ $\frac{11}{210}$　⑦ 19　⑧ $\frac{1}{40}$　⑨ $12\frac{4}{5}$　⑩ $\frac{9}{280}$

● **38 ページ**

1　① $2\frac{1}{8}$　② $\frac{1}{6}$　③ $2\frac{11}{14}$　④ $\frac{1}{8}$　⑤ $6\frac{1}{2}$

⑥ $\frac{1}{6}$　⑦ $2\frac{2}{5}$　⑧ $\frac{3}{40}$　⑨ 22　⑩ $\frac{1}{60}$

〈チェックポイント〉 11 は 121 の約数です。121 の約数は，1，11，121 だけなので，覚えておきましょう。

計算のしかた

⑨ $12\frac{1}{10} \div \frac{11}{20} = \frac{121}{10} \times \frac{20}{11} = \frac{\overset{11}{\cancel{121}} \times \overset{2}{\cancel{20}}}{\underset{1}{\cancel{10}} \times \underset{1}{\cancel{11}}} = 22$

② ①8 ②$\frac{6}{25}$ ③$2\frac{1}{2}$ ④$\frac{11}{80}$ ⑤$10\frac{1}{2}$

⑥$\frac{5}{63}$ ⑦$14\frac{2}{3}$ ⑧$\frac{3}{56}$ ⑨$14\frac{4}{9}$ ⑩$\frac{2}{55}$

◆チェックポイント◆　一の位の数が 0，5 である数は，5 で約分できます。75 や 215 のような大きな数でも，まず 5 で約分してみましょう。

● 39 ページ

□内 ①21 ②15 ③$\frac{4}{15}$ ④$\frac{7}{10}$

● 40 ページ

1 ①$\frac{35}{44}$ ②$1\frac{17}{40}$ ③$1\frac{33}{95}$ ④$\frac{52}{99}$

⑤$1\frac{26}{209}$ ⑥$\frac{96}{161}$ ⑦$\frac{5}{6}$ ⑧$1\frac{3}{4}$ ⑨$\frac{20}{21}$

⑩$3\frac{5}{6}$ ⑪$\frac{64}{75}$ ⑫$\frac{27}{35}$ ⑬$1\frac{1}{8}$ ⑭$1\frac{4}{5}$

⑮$2\frac{1}{2}$ ⑯$2\frac{14}{15}$ ⑰$2\frac{5}{8}$ ⑱$\frac{3}{4}$ ⑲4

⑳$\frac{20}{21}$

◆チェックポイント◆　帯分数どうしのわり算は，帯分数を仮分数に直してから，真分数どうしのわり算と同じように計算します。

計算のしかた

⑤ $4\frac{3}{11} \div 3\frac{4}{5} = \frac{47}{11} \div \frac{19}{5} = \frac{47 \times 5}{11 \times 19} = \frac{235}{209}$

$= 1\frac{26}{209}$

⑧ $2\frac{4}{5} \div 1\frac{3}{5} = \frac{14}{5} \div \frac{8}{5} = \frac{\overset{7}{\cancel{14}} \times \cancel{5}}{\cancel{5} \times \cancel{8}} = \frac{7}{4} = 1\frac{3}{4}$

● 41 ページ

□内 ①$\frac{16}{3}$ ②3 ③1 ④3

● 42 ページ

1 ①$1\frac{1}{9}$ ②$\frac{1}{4}$ ③2 ④$\frac{3}{7}$ ⑤$\frac{1}{3}$ ⑥9

⑦$2\frac{1}{4}$

◆チェックポイント◆　3 つの分数のかけ算とわり算は，わる数の分母と分子を入れかえてすべてかけ算に直して一度に計算します。分母の数と分子の数をよく見て，どの数とどの数が約分できるかを考えます。

計算のしかた

② $\frac{3}{5} \times \frac{3}{8} \div \frac{9}{10} = \frac{3}{5} \times \frac{3}{8} \times \frac{10}{9} = \frac{3 \times 3 \times \overset{2}{\cancel{10}}}{\underset{1}{\cancel{5}} \times \underset{4}{\cancel{8}} \times \underset{3}{\cancel{9}}}$

$= \frac{1}{4}$

⑥ $\frac{3}{8} \div \frac{1}{6} \div \frac{1}{4} = \frac{3 \times 6 \times 4}{8 \times 1 \times 1} = \frac{3 \times \overset{3}{\cancel{6}} \times 4}{\underset{2}{\cancel{8}} \times 1 \times 1} = 9$

2 ①$1\frac{3}{5}$ ②$12\frac{1}{2}$ ③$1\frac{4}{5}$ ④1 ⑤$\frac{3}{4}$

⑥1 ⑦$\frac{3}{10}$

◆チェックポイント◆　帯分数や整数の混じった 3 つの分数のかけ算とわり算は，帯分数は仮分数に，整数は分母が 1 の分数に直して，真分数の場合と同じように計算します。

計算のしかた

⑤ $1\frac{5}{9} \div 2\frac{1}{3} \times 1\frac{1}{8} = \frac{14}{9} \div \frac{7}{3} \times \frac{9}{8} = \frac{\overset{1}{\cancel{14}} \times \cancel{3} \times \cancel{9}}{\cancel{9} \times \cancel{7} \times \underset{4}{\cancel{8}}}$

$= \frac{3}{4}$

⑦ $3\frac{3}{8} \div 5 \div 2\frac{1}{4} = \frac{27}{8} \div \frac{5}{1} \div \frac{9}{4} = \frac{\overset{3}{\cancel{27}} \times 1 \times \overset{1}{\cancel{4}}}{\underset{2}{\cancel{8}} \times 5 \times \underset{1}{\cancel{9}}}$

$= \frac{3}{10}$

●43 ページ

1 ①$2\frac{2}{5}$ ②$\frac{29}{38}$ ③$1\frac{19}{36}$ ④$\frac{36}{49}$ ⑤$\frac{35}{44}$

⑥2 ⑦$\frac{7}{10}$ ⑧$1\frac{1}{5}$

2 ①$\frac{4}{7}$ ②$\frac{10}{27}$ ③$3\frac{1}{2}$ ④$1\frac{5}{12}$ ⑤$\frac{1}{25}$

⑥$\frac{3}{10}$

●44 ページ

1 ①$1\frac{1}{15}$ ②$\frac{3}{10}$ ③$4\frac{2}{3}$ ④$2\frac{1}{4}$ ⑤$1\frac{1}{2}$

⑥$\frac{11}{12}$

2 ①1 ②$1\frac{3}{13}$ ③$1\frac{1}{8}$ ④$2\frac{8}{9}$ ⑤$3\frac{9}{10}$

⑥10 ⑦$\frac{4}{15}$ ⑧$\frac{1}{6}$

◀チェックポイント▶ 計算のとちゅうで約分していき，分母も分子も1になったとき，答えは1です。（0ではありません。）

計算のしかた

①$\frac{3}{8}\times\frac{2}{3}\div\frac{1}{4}=\frac{3}{8}\times\frac{2}{3}\times\frac{4}{1}=\frac{3\times2\times4}{8\times3\times1}=1$

●45 ページ

1 ①39 ②$3\frac{1}{2}$ ③$4\frac{1}{5}$ ④$5\frac{1}{3}$ ⑤$4\frac{1}{5}$

⑥6

2 ①$\frac{1}{4}$ ②$\frac{5}{6}$ ③$\frac{1}{10}$ ④$\frac{1}{10}$ ⑤$\frac{3}{10}$

⑥$\frac{2}{9}$ ⑦$\frac{5}{28}$ ⑧$\frac{2}{9}$

3 ①$7\frac{1}{5}$ ②$\frac{14}{15}$ ③4 ④$\frac{5}{33}$ ⑤$18\frac{2}{3}$

⑥$\frac{5}{168}$

●46 ページ

1 ①$\frac{2}{3}$ ②2 ③$\frac{16}{19}$ ④$\frac{5}{6}$ ⑤$\frac{6}{7}$ ⑥$1\frac{1}{15}$

⑦$1\frac{1}{2}$ ⑧$\frac{5}{14}$

2 ①2 ②$1\frac{9}{16}$ ③$1\frac{2}{3}$ ④5 ⑤$\frac{14}{15}$

⑥$\frac{1}{4}$

●47 ページ

☐内 ①27 ②36 ③$\frac{10}{36}$ ④$\frac{3}{4}$

●48 ページ

1 ①$1\frac{2}{3}$ ②$\frac{12}{25}$ ③$\frac{8}{35}$ ④10 ⑤$\frac{4}{5}$

⑥$\frac{18}{25}$ ⑦$\frac{2}{9}$ ⑧$\frac{2}{3}$ ⑨$\frac{1}{10}$ ⑩7 ⑪$1\frac{9}{11}$

⑫$1\frac{11}{25}$ ⑬$1\frac{1}{14}$ ⑭$\frac{3}{29}$ ⑮$\frac{20}{21}$

◀チェックポイント▶ 分数と小数のわり算は，小数を分数に直せば，分数どうしのわり算と同じように計算できます。

計算のしかた

⑧$0.75\div\frac{9}{8}=\frac{75}{100}\div\frac{9}{8}=\frac{75\times8}{100\times9}=\frac{2}{3}$

⑨$\frac{18}{25}\div7.2=\frac{18}{25}\div\frac{72}{10}=\frac{18\times10}{25\times72}=\frac{1}{10}$

●49 ページ

☐内 ①25 ②$\frac{3}{4}$ ③$\frac{8}{5}$ ④$\frac{3}{10}$

●50 ページ

1 ①1 ②$1\frac{1}{3}$ ③$2\frac{1}{4}$ ④$\frac{1}{4}$ ⑤3

74

⑥$1\frac{1}{20}$　⑦$\frac{3}{5}$　⑧$12$　⑨$3$　⑩2　⑪$2\frac{1}{2}$
⑫3

チェックポイント 小数・分数の混じったかけ算
やわり算は，小数を分数に直すと，いつでも計
算できます。

計算のしかた

②$\frac{5}{6}×1.8×\frac{8}{9}=\frac{5}{6}×\frac{9}{5}×\frac{8}{9}=\frac{5×9×8}{6×5×9}=\frac{4}{3}$

$=1\frac{1}{3}$

⑨$2.8÷\frac{4}{9}÷2.1=\frac{14}{5}÷\frac{4}{9}÷\frac{21}{10}$

$=\frac{14}{5}×\frac{9}{4}×\frac{10}{21}=\frac{14×9×10}{5×4×21}=3$

●51 ページ

1　①$2\frac{6}{7}$　②$1\frac{17}{25}$　③$1\frac{1}{8}$　④$6\frac{4}{5}$　⑤$\frac{2}{15}$

⑥$\frac{7}{20}$　⑦$\frac{50}{63}$　⑧$\frac{3}{4}$

2　①$2\frac{1}{4}$　②$1\frac{4}{11}$　③$9\frac{3}{5}$　④$\frac{13}{14}$　⑤$2$

⑥$1\frac{1}{5}$

●52 ページ

1　①$\frac{4}{21}$　②$2\frac{1}{10}$　③$1\frac{1}{4}$　④$\frac{6}{7}$　⑤$\frac{1}{6}$

⑥$\frac{7}{9}$　⑦$6\frac{2}{3}$　⑧$1\frac{4}{5}$

2　①$1$　②$2$　③$3\frac{3}{7}$　④$3\frac{4}{7}$　⑤$\frac{2}{3}$

⑥$1\frac{1}{2}$

チェックポイント 何度も約分できる計算は，約
分したあとの数を見落とさないようにしてかけ
合わせることが大切です。

●53 ページ

⬜内　①$12$　②$15$　③$×$　④$306$

●54 ページ

1　①$8$　②$25$　③$14$　④$46$　⑤$20$　⑥$57$
⑦$100$　⑧$11$　⑨$17$　⑩40　⑪9　⑫40
⑬5　⑭125　⑮90　⑯120　⑰400
⑱6　⑲10　⑳25

チェックポイント xを使った式からxの値を
求めるには，次のように計算します。
$x+a=b,\ a+x=b\ →\ x=b-a$
$x-a=b\ →\ x=b+a$
$a-x=b\ →\ x=a-b$
$x×a=b,\ a×x=b\ →\ x=b÷a$
$x÷a=b\ →\ x=b×a$
$a÷x=b\ →\ x=a÷b$

計算のしかた

①$x+9=17$　$x=17-9=8$
⑤$x-6=14$　$x=14+6=20$
⑧$20-x=9$　$x=20-9=11$
⑪$x×6=54$　$x=54÷6=9$
⑮$x÷6=15$　$x=15×6=90$
⑱$42÷x=7$　$x=42÷7=6$

●55 ページ

⬜内　①$-$　②$5$　③$30$　④$5$　⑤$15$
⑥$50$

●56 ページ

1　①$15$　②$12$　③$16$　④$48$　⑤$9$　⑥$8$

チェックポイント xの値がわかっているもの
として計算の順序を考え，その逆を計算してい
きます。

計算のしかた

①$x×4+8=68$　$x×4=60$　$x=60÷4=15$
⑤$36÷x+8=12$　$36÷x=4$　$x=36÷4=9$

2　①$4$　②$12$　③$16$　④$30$　⑤$7$　⑥$30$
⑦$18$　⑧$12$　⑨$21$　⑩12

◁チェックポイント▷ （　）のある式では，まず（　）の中を先に計算するので，x を求めるときは，その逆を計算し，最後に（　）の中を求めます。

| 計算のしかた |

② $x×3÷6=6$　　$x×3=6×6=36$
　　$x=36÷3=12$
⑧ $(21-x)×6=54$　　$21-x=54÷6=9$
　　$x=21-9=12$

●57 ページ

1　①8　②37　③9　④42　⑤7　⑥8
⑦30　⑧8

◁チェックポイント▷ ひき算，わり算では x のある場所によって x の求め方がちがってくるので，特に注意しましょう。

| 計算のしかた |

③ $14-x=5$　　$x=14-5=9$
⑦ $x÷5=6$　　$x=6×5=30$
⑧ $96÷x=12$　　$x=96÷12=8$

2　①5　②18　③48　④9　⑤4　⑥4
⑦49　⑧54　⑨13　⑩48

●58 ページ

1　①14　②62　③4　④15　⑤8　⑥72

◁チェックポイント▷ 求めた x の値をもとの式の x にあてはめて式が成り立つことを確かめるようにしましょう。

2　①19　②16　③12　④7　⑤144
⑥50　⑦178　⑧600

●59 ページ

1　① $\frac{4}{5}$　②8　③ $\frac{2}{3}$　④ $\frac{9}{10}$

2　① $\frac{1}{5}$　② $\frac{3}{16}$　③12

3　①36　②100　③12　④42　⑤18
⑥25　⑦13　⑧24

●60 ページ

1　①$1\frac{1}{7}$　②$1\frac{1}{8}$　③$1\frac{1}{20}$　④$7\frac{1}{5}$

2　①$\frac{7}{10}$　②$2\frac{1}{3}$　③17　④$\frac{4}{9}$

3　①18　②56　③12　④126　⑤486
⑥36　⑦49　⑧154

進 級 テ ス ト ⑴

●61 ページ

1 ① $2\dfrac{2}{3}$　② 46　③ $2\dfrac{4}{5}$　④ $6\dfrac{3}{4}$　⑤ 35

⑥ 310　⑦ $\dfrac{1}{12}$　⑧ $\dfrac{3}{4}$　⑨ $1\dfrac{1}{5}$　⑩ $1\dfrac{2}{3}$

⑪ $1\dfrac{2}{5}$　⑫ 2　⑬ $6\dfrac{2}{3}$　⑭ 15　⑮ 4

⑯ $53\dfrac{1}{3}$

> ◀チェックポイント▶　分数のかけ算は，帯分数は仮分数に，整数は分母が1の分数に直して，分母どうし，分子どうしをかけ合わせます。約分は計算のとちゅうでします。

計算のしかた

① $\dfrac{2}{9}\times12=\dfrac{2}{9}\times\dfrac{12}{1}=\dfrac{2\times12}{9\times1}=\dfrac{8}{3}=2\dfrac{2}{3}$

② $7\dfrac{2}{3}\times6=\dfrac{23}{3}\times\dfrac{6}{1}=\dfrac{23\times6}{3\times1}=46$

③ $7\times\dfrac{2}{5}=\dfrac{7}{1}\times\dfrac{2}{5}=\dfrac{14}{5}=2\dfrac{4}{5}$

④ $18\times\dfrac{3}{8}=\dfrac{18}{1}\times\dfrac{3}{8}=\dfrac{18\times3}{1\times8}=\dfrac{27}{4}=6\dfrac{3}{4}$

⑤ $20\times1\dfrac{3}{4}=\dfrac{20}{1}\times\dfrac{7}{4}=\dfrac{20\times7}{1\times4}=35$

⑥ $100\times3\dfrac{1}{10}=\dfrac{100}{1}\times\dfrac{31}{10}=\dfrac{100\times31}{1\times10}$

$\quad=310$

⑦ $\dfrac{7}{18}\times\dfrac{3}{14}=\dfrac{7\times3}{18\times14}=\dfrac{1}{12}$

⑧ $\dfrac{9}{10}\times\dfrac{5}{6}=\dfrac{9\times5}{10\times6}=\dfrac{3}{4}$

⑨ $2\dfrac{1}{4}\times\dfrac{8}{15}=\dfrac{9}{4}\times\dfrac{8}{15}=\dfrac{9\times8}{4\times15}=\dfrac{6}{5}=1\dfrac{1}{5}$

⑩ $4\dfrac{4}{9}\times\dfrac{3}{8}=\dfrac{40}{9}\times\dfrac{3}{8}=\dfrac{40\times3}{9\times8}=\dfrac{5}{3}=1\dfrac{2}{3}$

⑪ $\dfrac{5}{6}\times1\dfrac{17}{25}=\dfrac{5}{6}\times\dfrac{42}{25}=\dfrac{5\times42}{6\times25}=\dfrac{7}{5}=1\dfrac{2}{5}$

⑫ $1\dfrac{1}{4}\times1\dfrac{3}{5}=\dfrac{5}{4}\times\dfrac{8}{5}=\dfrac{5\times8}{4\times5}=2$

⑬ $3\dfrac{5}{9}\times1\dfrac{7}{8}=\dfrac{32}{9}\times\dfrac{15}{8}=\dfrac{32\times15}{9\times8}=\dfrac{20}{3}$

$\quad=6\dfrac{2}{3}$

⑭ $2\dfrac{6}{7}\times5\dfrac{1}{4}=\dfrac{20}{7}\times\dfrac{21}{4}=\dfrac{20\times21}{7\times4}=15$

⑮ $\dfrac{8}{9}\times3\dfrac{3}{4}\times1\dfrac{1}{5}=\dfrac{8}{9}\times\dfrac{15}{4}\times\dfrac{6}{5}=\dfrac{8\times15\times6}{9\times4\times5}$

$\quad=4$

⑯ $3\dfrac{1}{5}\times2\dfrac{11}{12}\times5\dfrac{5}{7}=\dfrac{16}{5}\times\dfrac{35}{12}\times\dfrac{40}{7}$

$\quad=\dfrac{16\times35\times40}{5\times12\times7}=\dfrac{160}{3}=53\dfrac{1}{3}$

2 ① $\dfrac{3}{5}$　② $\dfrac{1}{3}$　③ $2\dfrac{2}{3}$　④ $1\dfrac{1}{2}$

> ◀チェックポイント▶　小数と分数の混じった計算では，ふつう小数を分数に直して計算します。

計算のしかた

① $0.84\times\dfrac{5}{7}=\dfrac{84}{100}\times\dfrac{5}{7}=\dfrac{84\times5}{100\times7}=\dfrac{3}{5}$

② $1.75\times\dfrac{4}{21}=\dfrac{175}{100}\times\dfrac{4}{21}=\dfrac{175\times4}{100\times21}=\dfrac{1}{3}$

③ $0.8\div\dfrac{3}{10}=\dfrac{8}{10}\div\dfrac{3}{10}=\dfrac{8\times10}{10\times3}=\dfrac{8}{3}=2\dfrac{2}{3}$

77

④$2.75 \div 1\frac{5}{6} = \frac{275}{100} \div \frac{11}{6} = \frac{275 \times 6}{100 \times 11} = \frac{3}{2}$

$= 1\frac{1}{2}$

●**62ページ**

3 ①$\frac{3}{25}$ ②$\frac{1}{50}$ ③$17\frac{1}{7}$ ④$26\frac{2}{3}$ ⑤$\frac{3}{4}$

⑥$2\frac{2}{3}$ ⑦$\frac{22}{27}$ ⑧$\frac{3}{8}$ ⑨$\frac{16}{21}$ ⑩$1\frac{7}{25}$

◆**チェックポイント** 分数のわり算は，わる数の分母と分子を入れかえてわられる数にかけます。

計算のしかた

①$\frac{3}{5} \div 5 = \frac{3}{5} \div \frac{5}{1} = \frac{3 \times 1}{5 \times 5} = \frac{3}{25}$

②$\frac{9}{10} \div 45 = \frac{9}{10} \div \frac{45}{1} = \frac{9 \times 1}{10 \times 45} = \frac{1}{50}$

③$30 \div 1\frac{3}{4} = \frac{30}{1} \div \frac{7}{4} = \frac{30 \times 4}{1 \times 7} = \frac{120}{7} = 17\frac{1}{7}$

④$150 \div 5\frac{5}{8} = \frac{150}{1} \div \frac{45}{8} = \frac{150 \times 8}{1 \times 45} = \frac{80}{3}$

$= 26\frac{2}{3}$

⑤$\frac{5}{12} \div \frac{5}{9} = \frac{5}{12} \times \frac{9}{5} = \frac{5 \times 9}{12 \times 5} = \frac{3}{4}$

⑥$2\frac{2}{9} \div \frac{5}{6} = \frac{20}{9} \div \frac{5}{6} = \frac{20 \times 6}{9 \times 5} = \frac{8}{3} = 2\frac{2}{3}$

⑦$\frac{11}{12} \div 1\frac{1}{8} = \frac{11}{12} \div \frac{9}{8} = \frac{11 \times 8}{12 \times 9} = \frac{22}{27}$

⑧$\frac{4}{5} \div 2\frac{2}{15} = \frac{4}{5} \div \frac{32}{15} = \frac{4 \times 15}{5 \times 32} = \frac{3}{8}$

⑨$1\frac{5}{7} \div 2\frac{1}{4} = \frac{12}{7} \div \frac{9}{4} = \frac{12 \times 4}{7 \times 9} = \frac{16}{21}$

⑩$4\frac{4}{5} \div 3\frac{3}{4} = \frac{24}{5} \div \frac{15}{4} = \frac{24 \times 4}{5 \times 15} = \frac{32}{25} = 1\frac{7}{25}$

4 ①$3\frac{3}{4}$ ②$1$ ③$\frac{1}{8}$ ④$\frac{2}{3}$

◆**チェックポイント** ３つの分数のかけ算，わり算は，すべてかけ算の式に直して計算します。小数があるときは，分数に直しておきます。

計算のしかた

①$2\frac{5}{8} \times 1\frac{5}{7} \div 1\frac{1}{5} = \frac{21}{8} \times \frac{12}{7} \div \frac{6}{5}$

$= \frac{21 \times 12 \times 5}{8 \times 7 \times 6} = \frac{15}{4} = 3\frac{3}{4}$

②$\frac{6}{7} \div \frac{3}{5} \times \frac{7}{10} = \frac{6}{7} \times \frac{5}{3} \times \frac{7}{10} = \frac{6 \times 5 \times 7}{7 \times 3 \times 10} = 1$

③$0.6 \times \frac{5}{6} \times 0.25 = \frac{6}{10} \times \frac{5}{6} \times \frac{25}{100}$

$= \frac{6 \times 5 \times 25}{10 \times 6 \times 100} = \frac{1}{8}$

④$3\frac{1}{3} \div 3.5 \div 1\frac{3}{7} = \frac{10}{3} \div \frac{35}{10} \div \frac{10}{7}$

$= \frac{10 \times 10 \times 7}{3 \times 35 \times 10} = \frac{2}{3}$

5 ①28 ②336 ③21 ④100

◆**チェックポイント** x をふくむ部分をひとまとまりとみて計算します。

計算のしかた

①$x \times 15 - 245 = 175$
$x \times 15 = 175 + 245 = 420$　$x = 420 \div 15 = 28$

②$x \div 7 \div 4 = 12$　$x \div 7 = 12 \times 4 = 48$
$x = 48 \times 7 = 336$

③$(19 + x) \times 8 = 320$　$19 + x = 320 \div 8 = 40$
$x = 40 - 19 = 21$

④$(x - 37) \div 7 = 9$　$x - 37 = 9 \times 7 = 63$
$x = 63 + 37 = 100$

進級テスト (2)

●63ページ

1 ① $\dfrac{1}{2}$　② $\dfrac{20}{27}$　③ $7\dfrac{1}{2}$　④ 18　⑤ $1\dfrac{1}{15}$

⑥ $1\dfrac{1}{3}$　⑦ $1\dfrac{19}{20}$　⑧ $2\dfrac{1}{5}$　⑨ $1\dfrac{2}{3}$　⑩ $4\dfrac{1}{2}$

⑪ $4\dfrac{1}{2}$　⑫ $26\dfrac{1}{4}$　⑬ 4　⑭ 48　⑮ $\dfrac{9}{14}$

⑯ $4\dfrac{1}{2}$

計算のしかた

① $\dfrac{3}{4} \times \dfrac{2}{3} = \dfrac{3 \times 2}{4 \times 3} = \dfrac{1}{2}$

② $\dfrac{8}{9} \times \dfrac{5}{6} = \dfrac{8 \times 5}{9 \times 6} = \dfrac{20}{27}$

③ $9 \times \dfrac{5}{6} = \dfrac{9}{1} \times \dfrac{5}{6} = \dfrac{9 \times 5}{1 \times 6} = \dfrac{15}{2} = 7\dfrac{1}{2}$

④ $28 \times \dfrac{9}{14} = \dfrac{28}{1} \times \dfrac{9}{14} = \dfrac{28 \times 9}{1 \times 14} = 18$

⑤ $\dfrac{2}{15} \times 8 = \dfrac{2}{15} \times \dfrac{8}{1} = \dfrac{2 \times 8}{15 \times 1} = \dfrac{16}{15} = 1\dfrac{1}{15}$

⑥ $\dfrac{2}{9} \times 6 = \dfrac{2}{9} \times \dfrac{6}{1} = \dfrac{2 \times 6}{9 \times 1} = \dfrac{4}{3} = 1\dfrac{1}{3}$

⑦ $2\dfrac{3}{5} \times \dfrac{3}{4} = \dfrac{13}{5} \times \dfrac{3}{4} = \dfrac{39}{20} = 1\dfrac{19}{20}$

⑧ $2\dfrac{3}{4} \times \dfrac{4}{5} = \dfrac{11}{4} \times \dfrac{4}{5} = \dfrac{11 \times 4}{4 \times 5} = \dfrac{11}{5} = 2\dfrac{1}{5}$

⑨ $1\dfrac{1}{3} \times 1\dfrac{1}{4} = \dfrac{4}{3} \times \dfrac{5}{4} = \dfrac{4 \times 5}{3 \times 4} = \dfrac{5}{3} = 1\dfrac{2}{3}$

⑩ $3\dfrac{3}{4} \times 1\dfrac{1}{5} = \dfrac{15}{4} \times \dfrac{6}{5} = \dfrac{15 \times 6}{4 \times 5} = \dfrac{9}{2} = 4\dfrac{1}{2}$

⑪ $2\dfrac{2}{5} \times 1\dfrac{7}{8} = \dfrac{12}{5} \times \dfrac{15}{8} = \dfrac{12 \times 15}{5 \times 8} = \dfrac{9}{2}$

$= 4\dfrac{1}{2}$

⑫ $2\dfrac{5}{8} \times 10 = \dfrac{21}{8} \times \dfrac{10}{1} = \dfrac{21 \times 10}{8 \times 1} = \dfrac{105}{4}$

$= 26\dfrac{1}{4}$

⑬ $\dfrac{5}{6} \times 4\dfrac{4}{5} = \dfrac{5}{6} \times \dfrac{24}{5} = \dfrac{5 \times 24}{6 \times 5} = 4$

⑭ $15 \times 3\dfrac{1}{5} = \dfrac{15}{1} \times \dfrac{16}{5} = \dfrac{15 \times 16}{1 \times 5} = 48$

⑮ $\dfrac{2}{3} \times \dfrac{3}{4} \times 1\dfrac{2}{7} = \dfrac{2}{3} \times \dfrac{3}{4} \times \dfrac{9}{7} = \dfrac{2 \times 3 \times 9}{3 \times 4 \times 7} = \dfrac{9}{14}$

⑯ $1\dfrac{1}{3} \times 2\dfrac{1}{4} \times 1\dfrac{1}{2} = \dfrac{4}{3} \times \dfrac{9}{4} \times \dfrac{3}{2} = \dfrac{4 \times 9 \times 3}{3 \times 4 \times 2}$

$= \dfrac{9}{2} = 4\dfrac{1}{2}$

2 ① $\dfrac{3}{10}$　② $7\dfrac{1}{2}$　③ $\dfrac{2}{3}$　④ 4

> **チェックポイント** 小数第3位までの小数は、分母が1000の分数になります。注意しましょう。

計算のしかた

① $1\dfrac{1}{4} \times 0.24 = \dfrac{5}{4} \times \dfrac{24}{100} = \dfrac{5 \times 24}{4 \times 100} = \dfrac{3}{10}$

② $3.375 \times 2\dfrac{2}{9} = \dfrac{3375}{1000} \times \dfrac{20}{9} = \dfrac{27 \times 20}{8 \times 9}$

$= \dfrac{15}{2} = 7\dfrac{1}{2}$

③ $1.25 \div 1\dfrac{7}{8} = \dfrac{125}{100} \div \dfrac{15}{8} = \dfrac{125 \times 8}{100 \times 15} = \dfrac{2}{3}$

④ $2\dfrac{3}{5} \div 0.65 = \dfrac{13}{5} \div \dfrac{65}{100} = \dfrac{13 \times 100}{5 \times 65} = 4$

解答

●64 ページ

3 ① $\dfrac{7}{8}$ ② $\dfrac{9}{10}$ ③ $\dfrac{2}{33}$ ④ 18 ⑤ $3\dfrac{5}{9}$

⑥ $5\dfrac{1}{3}$ ⑦ $\dfrac{9}{128}$ ⑧ 14 ⑨ $1\dfrac{9}{17}$ ⑩ $1\dfrac{13}{15}$

◆チェックポイント▶ 答えを出したあとも約分できないかどうか確認しておきましょう。

計算のしかた

① $\dfrac{3}{4}\div\dfrac{6}{7}=\dfrac{3}{4}\times\dfrac{7}{6}=\dfrac{3\times7}{4\times\overset{}{\underset{2}{6}}}=\dfrac{7}{8}$

② $\dfrac{4}{5}\div\dfrac{8}{9}=\dfrac{4}{5}\times\dfrac{9}{8}=\dfrac{4\times9}{5\times\overset{}{\underset{2}{8}}}=\dfrac{9}{10}$

③ $\dfrac{8}{11}\div12=\dfrac{8}{11}\div\dfrac{12}{1}=\dfrac{8\times1}{11\times\overset{}{\underset{3}{12}}}=\dfrac{2}{33}$

④ $34\div1\dfrac{8}{9}=\dfrac{34}{1}\div\dfrac{17}{9}=\dfrac{34\times9}{1\times\overset{}{\underset{1}{17}}}=18$

⑤ $2\dfrac{2}{9}\div\dfrac{5}{8}=\dfrac{20}{9}\div\dfrac{5}{8}=\dfrac{20\times8}{9\times\overset{}{\underset{1}{5}}}=\dfrac{32}{9}=3\dfrac{5}{9}$

⑥ $4\dfrac{4}{9}\div\dfrac{5}{6}=\dfrac{40}{9}\div\dfrac{5}{6}=\dfrac{\overset{8}{40}\times\overset{2}{6}}{\underset{3}{9}\times\underset{1}{5}}=\dfrac{16}{3}=5\dfrac{1}{3}$

⑦ $\dfrac{3}{8}\div5\dfrac{1}{3}=\dfrac{3}{8}\div\dfrac{16}{3}=\dfrac{3\times3}{8\times16}=\dfrac{9}{128}$

⑧ $60\div4\dfrac{2}{7}=\dfrac{60}{1}\div\dfrac{30}{7}=\dfrac{60\times7}{1\times\overset{}{\underset{1}{30}}}=14$

⑨ $2\dfrac{3}{5}\div1\dfrac{7}{10}=\dfrac{13}{5}\div\dfrac{17}{10}=\dfrac{13\times\overset{2}{10}}{\underset{1}{5}\times17}=\dfrac{26}{17}$

$=1\dfrac{9}{17}$

⑩ $4\dfrac{9}{10}\div2\dfrac{5}{8}=\dfrac{49}{10}\div\dfrac{21}{8}=\dfrac{\overset{7}{49}\times\overset{4}{8}}{\underset{5}{10}\times\underset{3}{21}}=\dfrac{28}{15}$

$=1\dfrac{13}{15}$

4 ① $\dfrac{8}{33}$ ② $2\dfrac{11}{27}$ ③ $2\dfrac{1}{4}$ ④ $\dfrac{1}{8}$

計算のしかた

① $3\dfrac{1}{3}\div3\dfrac{3}{4}\div3\dfrac{2}{3}=\dfrac{10}{3}\div\dfrac{15}{4}\div\dfrac{11}{3}$

$=\dfrac{\overset{2}{10}\times\overset{1}{4}\times\overset{}{3}}{\underset{1}{3}\times\underset{3}{15}\times11}=\dfrac{8}{33}$

② $2\dfrac{8}{9}\times1\dfrac{2}{13}\div1\dfrac{5}{13}=\dfrac{26}{9}\times\dfrac{15}{13}\div\dfrac{18}{13}$

$=\dfrac{\overset{2}{26}\times\overset{5}{15}\times\overset{}{13}}{\underset{3}{9}\times\underset{1}{13}\times\underset{9}{18}}=\dfrac{65}{27}=2\dfrac{11}{27}$

③ $3.2\times\dfrac{3}{4}\div1\dfrac{1}{15}=\dfrac{32}{10}\times\dfrac{3}{4}\div\dfrac{16}{15}$

$=\dfrac{\overset{2}{32}\times3\times\overset{3}{15}}{\underset{}{10}\times\underset{}{4}\times\underset{}{16}}=\dfrac{9}{4}=2\dfrac{1}{4}$

④ $2\dfrac{1}{3}\times0.75\div14=\dfrac{7}{3}\times\dfrac{75}{100}\div\dfrac{14}{1}$

$=\dfrac{\overset{1}{7}\times\overset{3}{75}\times1}{\underset{1}{3}\times\underset{4}{100}\times\underset{2}{14}}=\dfrac{1}{8}$

5 ①13 ②16 ③80 ④300

計算のしかた

① $x\times6+2=80$ $x\times6=80-2=78$
$x=78\div6=13$

② $17\times x\div2=136$ $17\times x=136\times2=272$
$x=272\div17=16$

③ $(620+x)\div25=28$
$620+x=28\times25=700$
$x=700-620=80$

④ $1950\div(350-x)=39$
$350-x=1950\div39=50$
$x=350-50=300$